우리 아이가 진짜로
생각하고 있는 것

흔들리는 엄마에게 전하고 싶은

우리 아이가 진짜로
생각하고 있는 것

소아정신과의 **사와** 지음 | 김효진 옮김

한스미디어

"우리 아이가 가장
안심할 수 있는 존재가 되어주는 것,
그것이야말로
진정한 부모의 역할입니다"

지금 우리 아이가
진심으로 바라고 있는 것

육아에 대한 고민은 모든 엄마에게 각기 다른 모습으로 다가옵니다.

아이가 실패할까 봐 매사에 참견하고 과보호하는 엄마.

어떻게 키우고 가르쳐야 할지 자신이 없고 막막하기만 한 엄마.

아이를 믿지 못해 끊임없이 잔소리를 해대며 심하게 간섭하는 엄마.

불안한 마음을 털어놓을 상대도 없이 홀로 외롭게 아이를 키우는 엄마.

아이에 대한 애정을 느낄 수 없어 혼란스러운 엄마….

저는 5세 이상의 아동부터 성인을 대상으로 한 소아·청소년 정신건강의학 클리닉을 운영하는 소아정신과 의사입니다. 클리닉을 찾는 모든 엄마들은 '진심으로 아이를 걱정하고 생각하는 엄마'라는 공통점이 있습니다.

지금 이 책을 읽는 여러분도 '아이를 위해' 온 힘을 다해 노력해왔을 것입니다. 하지만 그런 노력이 오히려 부모 자식 간의 관계를 악화시키거나 아이의 자신감을 약화시킬 수도 있고 때로는 자립을 방해하는 경우도 있습니다. '아이를 위해' 한 일이 오히려 아이와의 관계를 악화시킨다니 이보다 더 안타까운 일은 없을 것입니다.

조금씩 쌓이고 반복된 이런 실수들로 인해 '살아야 할 이유가 없다'거나 '세상에서 사라져버리고 싶다'라고까지 생각하는 아이들이 늘고 있습니다.

육아의 불안은 '알고, 깨달으면' 사라집니다

지금은 육아 때문에 지치고 힘들지만 아이와 행복하게 살아가길 바란다면 용기를 내 이 책을 끝까지 읽어주었으면 합니다. 왜냐하면, 이 책에는 '우리 아이의 진짜 속마음'이 담겨 있으니까요.

엄마들에게 '아이는 이렇게 생각해요'라는 걸 알려주면 육아 방식이 달라집니다. 안심하고 아이를 키울 수 있게 되는 것입니다.

이렇게 말하면 "내가 아이를 잘못 키웠나 봐요"라거나 "돌이킬 수 없으면 어쩌죠?"라며 자책하는 엄마들도 있습니다. 하지만 이 책에 담긴 내용을 '알고, 깨달으면' 달라집니다.

사람은 모르는 것에 불안을 느낍니다. 무슨 일이든 알고, 깨달으면 적절한 대처 방법을 찾을 수 있습니다. 그리고 무엇보다 부모가 아이에게 '네가 어떻든 괜찮아'라는 안정감을 줄 수 있다면 '삶이 고단한' 아이들은 줄어들 것이라고 확신합니다.

등교 거부아를 키우는 같은 엄마로서 느낀 것

실은 저도 육아 고민에 시달리던 엄마 중 하나였습니다.

저는 아이들의 정신 건강을 살피는 의사인 동시에 여덟 살, 열 살 아이를 키우는 싱글 맘입니다. 또 큰딸은 '발달 장애'를 가진 '등교 거부아'이기도 합니다.

여전히 미숙한 엄마인 제가 이런 책을 쓸 자격이 있을지 많이 고민했습니다. 하지만 오히려 '이런 나'이기에 현실에 뿌리 내린 진짜 육아에 대해 쓸 수 있으리란 생각이 들었습니다. 돌이켜보면 창피한 이야기도 적지 않은 것 같습니다.

내 아이를 키우면서 깨달은 것이 있습니다. 그것은 '아이의 일로 인해 지나치게 불안해할 필요가 없다는 것, 아이는 부모가 걱정하길 바라는 게 아니라 웃는 얼굴로 행복하길 바란다는 것'입니다.

완벽할 필요 없어요

 아이 때문에 고민할 때는 '이 고민이 진짜 아이의 문제일까? 아니면 부모인 나의 문제일까?'라는 시점에서 생각해보세요. '나의 문제'라는 것을 깨닫는 때도 있을 것입니다. 그걸 먼저 가려내는 것이 중요합니다.

 엄마의 불안에서 비롯된 문제인지 아니면 아이의 문제 혹은 문제 자체가 아닌지를 말입니다. 늘 객관적인 관점에서 바라보고 필요하다면 치료를 받아보는 것도 좋습니다. 그것이 소아정신과 의사로서의 제 역할입니다.

 완벽할 필요는 없습니다.
 가끔은 불안해도 괜찮아요.
 이 책이, 그렇게 부모와 아이가 서로의 불완전함을 받아들이고 평온한 가정을 만들어 가는 데 도움이 되었으면 합니다.

이 책의 마지막 페이지를 덮을 때, 부디 당신의 마음이 조금 이나마 가벼워지기를 기원합니다.

- 소아정신과의 사와

02

03

아이는 믿어주기를 바랍니다

01

아이는
안심하고 싶습니다

엄마, 왜 자꾸 다그쳐?

기다려주지 못하고 불쑥 끼어드는 엄마

"○○야, 요즘 학교생활은 어때?"

진료실에 앉은 아이는 다소 곤혹스러운 표정을 지으며 그대로 굳어버리고 말았습니다.

엄마에게 이끌려 클리닉을 찾은, 중학교 3학년 등교 거부 여아였습니다.

아이는 진료실에 들어올 때부터 굳은 얼굴로 긴장한 기색이 역력해보였습니다.

제가 질문한 후에도 아이는 '이런 말 하면 엄마가 화내지 않을까?'하는 생각이라도 하듯 엄마 쪽을 힐끔 보고는 입을 열지 않았습니다.

그대로 진료실에 4~5초가량의 정적이 찾아오고 마침내 아이가 입을 열려던 그 순간, 아이의 엄마가 참지 못하고 불쑥 말을 꺼냈습니다.

"학교에 한동안 안 갔잖니!"

조금만 기다려주면 아이가 스스로 이야기했을 텐데 이렇게 끼어드는 부모님들이 종종 있습니다.

진료실에서 아이의 이야기를 듣고 싶을 때 저는 일부러 부모님을 보지 않고 아이하고만 눈을 맞추며 이야기합니다. 은근히 티가 날 정도로 말이죠.

'네 이야기를 듣고 싶다'는 마음을 전달하기 위해서입니다.

그런데 눈도 마주치지 않던 부모님 쪽에서 먼저 대답을 하는 일이 자주 있습니다. 특히 간섭이 심하거나 걱정이 많은 부모님인 경우가 많습니다. 아이가 대답할 때까지 기다려주지 못하는 것입니다.

소아정신과 의사가 눈여겨보는 모습

정신과 진료실에 오면 누구나 긴장하게 마련입니다. 특히 첫 진료 때는 5초 내지 10초, 경우에 따라서는 30초 이상 침묵이 흐르기도 합니다.

정신과 의사로서 환자를 볼 때 '침묵'은 사실 매우 중요합니다.

환자가 머릿속 생각을 말로 꺼내기까지 걸리는 시간은 우울증 진단에서 중요한 포인트가 되기도 합니다. 그리고 침묵 속에는 '나는 얼마든지 당신의 대답을 기다릴 겁니다, 이곳은 당신이 안심하고 주체적으로 발언할 수 있는 안전한 장소입니다'라는 메시지도 담겨 있습니다.

저는 환자의 침묵에도 당황하지 않고, 진료 시간이 허락하는 한 기다립니다. 그런데 함께 있던 부모님이 침묵을 못 견딘 것인지 아니면 제가 기다리는 게 미안해서인지 이내 "우리 애가 성격이 이래저래 해서, 이런저런 일이 있었고"라는 식으로 이야기를 시작해버리고 말죠.

실은 이런 부모 자식 간의 거리감도 흥미롭게 관찰합니다.

수줍어서 직접 말하지 못하고 엄마에게 속닥이는 아이가 있는가 하면, 부모에게 짜증스러운 반응을 보이는 아이도 있습니다. 다만, 어떤 게 좋고 나쁜지를 따지는 것이 아니라 향후 진료에 참고하기 위해 부모 자식 간의 거리감이나 분위기를 관찰해 차트에 기록하는 것입니다.

때때로 엄마의 태도에 겁먹은 기색이 역력하거나 눈치를 살피는 아이들도 있습니다.

이 중학교 3학년 여아도 그런 모습을 보였습니다.

부모 자식 간에, 뭐라 표현할 수 없는 날카로운 긴장감이 느껴졌습니다.

어떻게 표현해야 좋을지 모르겠지만, 아이의 엄마는 한마디로 무척 단정한 분이셨습니다.

저까지 긴장감에 등줄기가 곤두서고 식은땀이 흐를 것만 같았습니다. 말투와 태도가 깍듯하고 이따금 미소를 보이기도 했지만 어딘가 서늘함이 느껴졌습니다.

'내가 느낀 긴장감을 이 아이는 가정에서 매일 느끼는 걸까…', 아이가 안심할 수 있는 장소가 없어 힘들었을 거라는 생각이 들었습니다.

가정에서 마음 편히 지내는 아이의 모습을 전혀 상상할 수 없었습니다.

아이의 진심을 들으려면 먼저 안정감을 주세요

진료실에서는 환자인 아이의 이야기에 온전히 귀를 기울이고 싶어 부모님을 대기실에서 기다리게 하고 아이와 일대일로 이야기를 나누기도 합니다.

나중에 아이에게 들은 것입니다만 엄마가 말로는 "학교에 꼭 가지 않아도 돼"라고 하면서도 막상 학교에 가지 않으면 매우 언짢은 기색을 보여 속상했다고 합니다.

물론, 환자인 아이와 부모님 사이의 분위기를 수치로 측정할 수 있는 것도 아니고 모두가 비슷한 긴장감을 느끼는 것도 아닙니다.

같은 정신과 의사라도 저와 다르게 느끼는 사람이 있을 수 있습니다. 그렇지만 아이가 늘 불안이나 긴장감을 느낀다면 아이가 지닌 본연의 모습을 드러낼 수 없어 학교생활이나 가정생활에 여러 부작용이 발생하게 됩니다.

부모의 태도와 말투, 가정의 분위기는 부모가 생각하는 것 이상으로 아이의 정신 상태에 큰 영향을 미칩니다. 이런 상황을 방치하면 정신 상태를 악화시키거나 정신 질환 발병의 원인이 되기도 합니다.

그렇다고 아이를 데리고 소아정신과 진료실에 온 부모님에게 "늘 웃는 얼굴로 아이를 대하세요" 같은 말을 하려는 것은 아닙니다.

부모님은 지금껏 아이가 안고 있는 문제로 고민하고, 괴로웠을 것입니다. 어찌할 바를 몰라 애만 태웠을 테지요. 그런 심정으로 진료실을 찾은 부모님의 괴로운 마음은 충분히 이해합니다.

  하지만 아이는 부모가 느끼는 조바심과 괴로움을 더욱 민감하게 감지합니다. 그러니 이것만은 알아주세요. 부모가 주는 안정감이 아이에게 얼마나 큰 영향을 미치는지를 말입니다.

닥터 사와의
한마디   가정은 아이가 안심할 수 있는 장소여야 합니다.

엄마가 웃으면 나도 좋아

엄마와 아이의 밀접한 관계

이 책은 엄마에게 초점을 맞추고 있습니다. 아이와의 관계성 면에서 엄마와 아빠는 큰 차이가 있기 때문입니다.

일반적으로 엄마가 아이와 함께 지내는 시간이 훨씬 많을 뿐 아니라 친밀도도 높습니다. 진료실을 찾은 엄마와 아이의 모습에서도 그런 밀접한 관계성을 느낍니다.

엄마가 불안이 심하면 아이도 심한 불안감을 느끼기 쉽고, 엄마가 지나치게 예민하면 아이도 강박증에 가까운 상태로 같은 행동을 여러 번 반복하는 경우가 있습니다.

반대로, 엄마가 정서적으로 안정되어 있으면 불안증이나 강밤중을 앓는 아이는 그리 많지 않습니다.

이렇게 말하면 "육아를 엄마 혼자 하나요?"라거나 "결국 모든 게 엄마 탓이란 건가요?"라며 질책하는 사람도 있을지 모릅니다. 물론 과거에 비해 육아에 참여하는 남성들이 늘어난 것도 사실입니다. 다만, 모유 수유는 엄마만 할 수 있고 아이와의 애착 형성(부모 또는 양육자 사이에 생기는 정서적 유대)도 엄마가 아빠에 비해 더 깊고 밀접한 것이 사실입니다. 그만큼 아이를 대하는 엄마의 감정 상태는 아이에게 큰 영향을 미칩니다.

아빠의 폭력이나 폭언 때문에 힘들어하는 아이도 있고, 때문에 아빠들에게 전하고 싶은 이야기도 적지 않지만, 이 책에서는 먼저 엄마와 아이에 집중해 이야기를 풀어나가려고 합니다.

요즘은 일하는 엄마들이 많습니다.

두말할 필요도 없이 일과 육아를 병행하는 것은 무척이나 힘든 일입니다.

저도 두 아이를 키우며 실감하고 있지만 정말이지 육아는 중노동입니다. 특히 아이가 어릴 때는 수련의 시절 응급실 당직을 비롯해 지금까지 했던 그 어떤 일보다 힘들었던 것 같습니다.

게다가 부모나 친척들로부터 "그래도 이건 해야 하지 않니?" 라거나 "저건 왜 안 해?"라는 식의 잔소리까지 들으면 정신적으로도 피폐해지기 일쑤였죠. 산더미처럼 쏟아지는 일과 잔소리에 심신이 지칠 대로 지쳐 밥 먹을 기력조차 없을 때도 있습니다. 하지만 이런 순간에도 부모의 감정 상태가 아이의 마음에 크게 영향을 미친다는 것을 잊지 말았으면 합니다.

닥터 사와의 한마디   안정된 애착 형성이 아이를 정서적인 면에서 안정된 어른으로 성장하게 합니다.

무조건 '괜찮다'고만 하지 말아줘

'괜찮아!'라는 말로 적당히 넘기지 마세요

우리는 상대를 위로하거나 격려하기 위해 '괜찮아'라는 표현을 사용할 때가 있습니다.

정신과 의사의 입장에서 이 '괜찮아'라는 말을 쓸 때는 조금 주의할 필요가 있습니다. 특히 불안이 심한 아이의 경우 어떤 근거나 확증 없이 '괜찮아'라는 말로 적당히 넘기는 것은 도움이 되지 않는 경우가 있습니다.

예를 들면 '집에 도둑이 들지 모른다'라는 불안감에 잠을 못 이루는 아이가 있습니다. 그럴 때 부모는 우선 아이를 안심시키기 위해 "괜찮아! 도둑 따위 들 리 없어"라고 할지도 모릅니다(하지만 집에 절대로 도둑이 들지 않으리란 보장은 없습니다). 그럼 아이는 '진짜 괜찮은 건 아닐 것 같은데, 엄마는 왜 괜찮다고만 하지?'라고 생각하며 엄마의 말에 모순을 느낍니다.

환자 중에는 손이 더럽다는 생각에 손 씻는 행위를 반복하는 아이도 있습니다. 세균이나 바이러스에 대한 극심한 공포와 불안 때문에 계속해서 손을 씻는 것입니다.

손에 묻은 세균이나 바이러스가 온몸으로 퍼져 금세 죽고 말 것이라는 생각에 사로잡혀 일상생활에 지장이 생기는 경우에는 강박증으로 진단합니다.

그런 아이에게 "괜찮아, 세균 같은 거 없어"라고 말하는 것은 엄밀히 말해 무균 상태가 아닌 이상 아이의 혼란을 불러일으켜 불안감을 더욱 키울 수 있습니다.

또 "그렇게 자꾸 씻지 않아도 괜찮아"라는 말도 마찬가지입니다. 손을 씻는 행위를 통해 세균에 대한 공포를 억누르려던 자신의 마음을 이해하지 못한다는 생각에 불안이 더 심해지는 경우가 있기 때문입니다.

간혹 "조금 전에 씻었으니까 괜찮아"라고 하는 부모도 있습니다. 하지만 그런 말을 들으면, 손을 씻음으로써 불안이 일시적으로 줄어든다는 의식이 강화되면서 손 씻는 행위에 더욱 집착하게 되는 아이도 있습니다. 실제로는 손을 씻었다고 해서 모든 세균이 제거되는 것도 아니고, 뭔가를 만지면 또다시 세균이 묻게 됩니다.

"괜찮아!"라는 말로 적당히 넘기는 것은 아이를 안심시키기는커녕 불안감을 가중시킬 수 있습니다.

불안하지만 손을 씻지 않는 경험을 반복함으로써 '세균이 남아있긴 하지만 계속 손을 씻는다고 완전히 없앨 수 있는 것도 아니고, 그것 때문에 죽는 것도 아니다'라는 사실을 받아들이도록 해야 합니다. 이를 인지행동 요법의 한 종류인 '폭로 요법'이라고 합니다.

"괜찮아"라는 말로 안심시키는 것보다 스스로 '괜찮다'고 느낄 수 있는 행동을 응원하는 것이 중요합니다.

"괜찮다니까, 너무 신경 쓰지 마"라는 식으로 가볍게 넘기는 것도 좋은 방법이 아니란 것입니다.

불안이 심한 아이 중에는 '내일 대지진이 일어날지도 몰라…'라거나 '내일 지구가 멸망하면 어쩌지…'라는 식으로 불안의 대상이 점점 확대되어 잠을 이루지 못하는 사례도 있습니다. 그런 아이에게 "괜찮아, 대지진 같은 건 절대 일어나지 않아"라거나 "지구가 멸망할 리 없잖아!"라고 해봤자 역효과만 날 뿐입니다.

그럴 때 저는 아이에게 "하긴 대지진이 일어날 가능성이 전혀 없는 건 아니지"라고 인정한 후 이렇게 말합니다.

"하지만 그런 대지진이 일어날 확률은 높지 않아, 그리고 그런 일이 있으면 엄마, 아빠가 학교로 데리러 가게 되어 있거든? 그러니 너무 걱정할 것 없어."

이와 같이 근거 있는 '괜찮아'라면 몰라도 대지진이 일어날리 없다는 등의 불확실한 말로 상대의 불안을 가볍게 여겨서는 안 됩니다.

'아이가 바라는 것'을 물어보세요

그래도 아이가 불안해한다면 무조건 "괜찮아!"라고 말하기 전에 먼저 "그래서 불안했구나" 하고 아이의 불안한 마음에 공감해주세요.

사람마다 느끼는 감정이 다르기 때문에 엄마라고 해도 불안이 심한 아이의 마음을 온전히 이해하지 못할 수 있습니다. 그럼에도 상대의 불안을 이해하려는 자세가 중요한 것이죠. 그리고 "혹시 엄마, 아빠가 해줄 수 있는 게 있을까?"라고 아이에게 물어보세요.

가끔 진료실에서도 "제가 어떻게 하면 좋죠?"라고 묻는 부모가 있는데 그럴 때 저는 "어떻게 해주면 좋을지를 아이에게 먼저 물어보세요"라고 대답합니다.

"네가 불안해하지 않게, 엄마가 해줄 수 있는 일이 있을까?"라고 물어보고, 엄마가 할 수 있는 일이라면 해주면 됩니다.

만약 아이가 "(바라는 게) 없어요"라고 하면 "엄마는 늘 네 옆에 있으니까 힘들 땐 언제든 엄마한테 이야기해"라고 말해주고 차분히 아이를 지켜봐주세요.

부모로서는 아이가 지나치게 불안해하면 일단 "괜찮아!"라는 말로 아이를 안심시키려고 하는데 그런 마음을 꾹 참고 '무슨 일이든 엄마가 옆에서 힘이 되어줄게'라는 메시지를 전달해보세요.

닥터 사와의 한마디 불안이 심한 아이에게는 "그래서 불안했구나" 하고 공감해 주세요.

아까 했던 말이랑 다르잖아

아이에게 불신감을 주는 부모의 이중 구속

아이는 어른의 거짓말에 민감합니다.

"모르는 게 있으면, 엄마한테 물어봐"라고 해서 물어봤더니 "그런 것도 몰라? 스스로 생각해봐!"라는 말을 듣습니다.

"얼른 숙제부터 하고 놀아"라고 해서 서둘러 숙제를 했더니 나중에 "틀린 것 투성이잖아! 대충 하지 말고 잘 좀 해!"라며 꾸중을 듣기도 합니다.

"화 안 낼 테니까 솔직히 말해봐"라고 해서 학교에서 친구 때린 걸 솔직히 말하면 크게 혼이 나고 마는 것입니다.

이런 상황을 '이중 구속'이라고 하는데요. 의도적으로 거짓말을 한 건 아니지만 처음 아이에게 한 말과 최종적으로 아이에게 한 언동 사이에 모순이 있는 상태를 가리킵니다.

많은 사람들이 무의식적으로 하는 행동이지만, 아이는 그 모순을 민감하게 감지합니다.

"얼른 숙제부터 해"라는 말과 '서둘러 숙제를 했더니 꾸중을 들었다'는 두 가지 모순된 상황에 혼란을 느낀 아이는 '내가 뭘 하든 꾸중만 듣겠지'라는 생각을 하게 됩니다.

애초에 아이에게 "얼른 숙제부터 해"라고 했다면 아이가 서둘러 숙제부터 마친 것을 인정해주어야 합니다. 그것을 인정하지 않고 다른 요구를 하면 심리적으로 혼란을 느낀 아이는 부모에게 불신감을 갖게 되고 자신감도 키우지 못합니다.

"화 안 낼 테니까 솔직히 말해봐"라고 했다면, 마찬가지로 화내지 말고 아이가 솔직히 말한 것을 인정해주어야 합니다.

아이가 거짓말하길 바라지 않는다면 먼저 '집에서는 무슨 말을 해도 괜찮다'는 안정감을 주어야 합니다.

때로는 체면 때문에 모순된 발언을 하는 경우도 있습니다.

다른 엄마들이 있는 자리에서는 "우리 애는 ○○학교는 꿈도 못 꿔요"라고 해놓고 정작 집에 돌아와서는 "장래를 위해서라도 꼭 ○○학교에 가야 해"라며 아이에게 공부를 강요하는 것이죠.

주변 사람들의 평가가 신경 쓰여 마음에도 없는 말을 하는 부모도 있을 것입니다. 그러다보니 아이에게 하는 말과 실제 행동 사이에 모순이 발생하기도 합니다.

거짓말을 하고 있다는 자각이 없는 채로 아이가 자신의 기대에 미치지 못할 경우 무조건 혼을 내는 수단을 취하고 마는 부모가 있다면 먼저 자신의 언동에 모순이 있지 않은지 돌아보았으면 합니다.

아이는 의외로 어른의 속마음을 자세히 들여다보고 알아차리거든요.

닥터 사와의 한마디　　　부모의 모순된 언행은 아이에게 혼란을 줄 수 있어요.

친구가 없는 게
내 탓이라고?

'불안을 부추기는' 부모의 말

아이에게는 심적으로 안심할 수 있는 장소가 필요합니다. 바꿔 말하면, 부모가 불안을 이용해 아이를 통제해서는 안 된다는 것입니다.

어린 자녀에게 이런 말을 하는 부모들을 종종 보게 됩니다.

"자꾸 떼쓰면 두고 갈 거야!"

"○○하지 않으면, 도깨비가 잡으러 온다!"

말을 안 듣는 아이에게 "도깨비한테 전화가 온다!"며 진짜 도깨비에게 전화가 걸려오는 것처럼 해주는 애플리케이션이 등장했을 때는 제 주변에서도 화제가 되었습니다.

"두고 갈 거야"라고 말했다고 진짜 아이를 두고 가는 부모는 없을 것입니다. 도깨비가 잡으러 올 리 없다는 것도 물론이고요.

하지만 감수성이 예민하고 순수한 어린아이들은 아직 모릅니다.

불안을 부추기는 말로 아이의 행동을 통제하려고 하면 아이가 느끼는 심리적 부담이 점차 가중됩니다.

또 불안이나 공포로 아이의 행동을 통제할 수는 있어도 "왜 그런 행동을 하면 안 되는 거야?"에 대한 이유는 전달되지 않습니다.

아이가 조금 더 커도 '거짓말하면 경찰 아저씨한테 잡혀 간다'라거나 '그런 말 하면 친구들이 싫어해' 혹은 '공부 안 하면 훌륭한 사람이 될 수 없어'라는 식으로 불안과 공포를 부추겨 아이의 행동을 통제하려는 부모들이 적지 않습니다.

아마 본인이 그런 말을 들으며 컸기 때문에 깊이 생각하지 않고 말하는 부모도 많을 것이라 생각합니다.

나이가 어릴수록 부모는 아이에게 절대적인 존재이기 때문에 불안을 이용한 통제는 효과를 발휘합니다. 하지만 불안을 이용한 통제가 계속되면 장기적으로 불안이 심한 아이로 클 가능성이 있습니다.

'불안을 부추기는 말'은
아이의 인지와 행동에 영향을 미쳐요

오랫동안 부모에게 불안을 부추기는 말을 들으며 자란 사람은 그 영향이 더 강하게 나타날 수 있습니다.

예를 들면, 부모가 별 뜻 없이 한 "○○하면 친구들이 싫어해"라는 말을 잊지 못하는 아이들도 많습니다.

흔히 사춘기라고 불리는 8, 9세부터 18세 무렵까지의 시기는 발달심리학적으로 '나는 사회 속에서 어떤 존재일까' 또는 '나는 다른 사람들 눈에 어떻게 보일까'와 같은 의문을 품게 되는 시기입니다.

타인의 시선을 신경 쓰는 것 자체는 정상적인 발달 과정이기 때문에 문제가 되지 않지만 어릴 때부터 "네가 그러면 친구들도 사귀지 못해" 같은 말을 들으며 자란 사람은 매사에 '내가 이 모양이라 친구가 없는 거야…'라는 부정적인 생각에 빠지는 경향이 있습니다.

혹시 아이에게 "그러면 훌륭한 사람 못 된다!"와 같은 말을 하진 않나요?

내성적이고 낯을 잘 가리는 사람도 있고 숫기가 없어 친구를 사귀는 게 서툰 사람도 있습니다. 저마다의 성격과 발달 특성에 따라 행동과 소통 방식이 다른 게 당연합니다. 실제 진료실에서 만난 아이 중에도 교실에서 다른 아이들과 어울리지 못하고 혼자 고립되어 있는 등 소통에 서툰 아이들이 적지 않습니다.

하지만 당장 친구가 없고, 소통 방식에 자신이 없어도 계속 그러리란 법은 없습니다.

그런데 그런 아이를 부모까지 다그치고 몰아세우면, 아이는 역시 자신이 문제라는 자책에 빠져 점점 더 인간 관계에 어려움을 느끼게 될 것입니다.

불안을 부추기는 부모의 말이 아이의 장래에까지 악영향을 미치는 것입니다.

또 오랫동안 그런 부모의 통제를 경험한 사람은 훗날 자신의 자녀에게도 자신의 부모가 그랬던 것처럼 불안을 부추기는 방식으로 아이를 통제하려는 경향이 있습니다.

평소 이런 식으로 불안을 부추기는 말을 하고 있었다면 먼저 '불안을 이용해 아이를 통제하고 있지 않은지' 자문해보고 스스로의 언행을 깨달아야 합니다. 그래야만 자신의 언행을 바꿀 수 있고 이후의 육아 방식도 바뀌게 될 것입니다.

이제껏 무의식적으로 했던 말들을 떠올리고 덜컥 겁이 난 엄마도 있을지 모르지만, 괜찮습니다. 중요한 건, 이제 알았다는 것이죠.

깨달으면, 바꿀 수 있습니다. 지금부터라도 다시 시작할 수 있으니 소중한 사실을 깨달은 자신을 칭찬해주세요.

닥터 사와의 한마디　　　불안을 이용해 아이를 통제하지 마세요.

날 있는 그대로 인정해줘

아이를 있는 그대로 인정해주세요

"너처럼 머리가 나쁜 녀석은 살 가치가 없어"

제가 막 정신과 의사가 되었을 무렵 만난 20대 남성 환자는 아버지에게 이런 말을 들으며 자라는 내내 괴로웠다고 했습니다.

교육열이 남다른 공무원 부모 밑에서 자랐으며 누나는 1지망으로 지원한 국립대에 합격했다고 합니다.

반면에 후순위로 지망한 사립대를 턱걸이로 간신히 합격한 남성은 어릴 때부터 아버지에게 공부 잘하는 누나와 비교당하며 '뭐하나 제대로 하는 게 없는 녀석'이라거나 '구제불능' 같은 부정적인 말을 들으며 컸다고 합니다. 또 '당신이 애를 저렇게 키운 탓'이라며 아내를 책망하고 아들뿐 아니라 아내에게도 "집에서 나가"라며 윽박질렀다고 합니다.

"내가 뭘 하고 싶은지 모르겠어요…"라던 그는 회사에서의 사소한 실패를 비관해 결국 삶을 포기하고 말았습니다.

제게도 괴롭고 힘든 경험이었습니다. 지금도 어떻게든 그를 구할 수는 없었을지 되돌아보곤 합니다.

국립대든 사립대든, 대학에 가든 가지 못하든 인간의 가치는 조금도 달라지지 않습니다. 당신의 존재 자체로도 충분한 가치가 있습니다.

그렇게 서로를 인정하는 가정이었다면, 이런 비극은 일어나지 않았을 것입니다.

또 자녀에게 엄격하고 성마른 부모 밑에서 자란 사람들 중에는 어른이 된 후에도 여전히 힘든 삶을 사는 사람이 많습니다.

자신의 존재 자체를 인정받지 못한 사람은 '일류 대학에 합격'하거나 '대기업에 취직'하는 등의 눈에 보이는 형태를 통해서만 자신의 가치를 평가합니다. 그렇기 때문에 그런 목표에 도달하지 못하거나 앞서 이야기한 남성의 경우처럼 사소한 실패와 마주했을 때 다시 일어서기가 힘든 것입니다.

인간으로서의 토대가 형성되는 유년기부터 사춘기 무렵의 자녀를 둔 부모라면 꼭 알아두었으면 합니다.

가정이야말로 아이가 가장 안심할 수 있는 장소여야 한다는 것입니다.

부모와 갈등을 겪는 아이는 스스로를 '쓸모없는 존재'로 느끼기도 합니다.

사회에 나가면, 더 큰 난관에 부딪칠 때도 있고 제대로 인정받지 못하는 경우도 있을 것입니다.

그럴 때 '안정감'이라는 토대가 없으면 '역시 난 쓸모없는 인간'이라는 좌절감을 느끼기 쉽습니다.

그러므로 아이를 키울 때는 무엇보다 안정감을 주는 것이 무엇보다 중요하다는 것을 잊지 마세요.

내 말을 들어주고, 내 마음을 이해해주는, 안전하고, 소외되지 않으며, 어떤 잘못이든 용서받을 수 있는 장소.

어릴 때는 그렇게 진정으로 안심할 수 있는 장소가 필요합니다.

닥터 사와의 한마디 특히 어린 시절에는 진정으로 안심할 수 있는 장소가 필요합니다.

엄마 아빠,
나 때문에 싸웠어?

불안이 심한 아이 앞에서는 작은 소리로
천천히 이야기하세요

부모의 불화도 아이의 존재 가치를 뒤흔들 수 있습니다.

물론, 부모의 직접적인 폭력에 노출된 아이는 다양한 심리 문제를 안고 있을 가능성이 높지만 부모 중 한 사람이 배우자에게 폭력을 행사하는 경우도 아이의 심리 상태에 좋지 않은 영향을 끼칩니다.

가정 폭력에 노출된 아이는 근원적인 불안을 갖게 되어 정상적인 애착 형성이 어렵습니다.

이렇게 아이의 눈앞에서 이루어지는 가정 폭력 역시 심리적 학대의 하나로 간주됩니다.

부모가 자녀 앞에서 배우자에게 폭언을 퍼붓거나, 고함치거나, 감정적으로 서로를 비난하는 것을 보는 것도 포함됩니다.

아이는 어른들이 화내거나 언성을 높이는 모습을 보면 불안감을 느낍니다.

그리고 부모가 싸우는 모습을 본 아이는 실제로는 그렇지 않더라도 '엄마 아빠가 나 때문에 싸우는 걸까'라거나 '내가 없는 편이 행복할지도 몰라'와 같은 생각을 한다는 것입니다.

실제 진료실에서도 그렇게 말하며 눈물을 흘리던 아이가 있었습니다. 심지어 "나 같은 건 세상에 존재할 이유가 없어요"라거나 "죽고 싶다"라고까지 하는 아이도 있었습니다.

이렇게 부부싸움이 잦은 가정에서 자란 아이는 존재 가치를 의심하게 되고 극도의 불안이나 허무감을 느끼거나 심한 경우 죽음을 생각하기도 합니다.

물론 부모도 완벽할 수는 없습니다. 살다보면 부부싸움을 할 때도 있죠. 다만, 부부간에 무슨 일이 있든 적어도 아이 앞에서는 언성을 높이지 않는 것이 중요합니다.

사람은 흥분하면 언성이 높아지고 빠른 속도로 말을 쏟아내기도 합니다. 하지만 부모가 그렇게 분노나 스트레스를 느끼는 모습을 보는 것은 아직 자립할 수 없는 아이에게는 커다란 스트레스를 주게 됩니다.

진료실을 찾는 아이 중에는 심하게 불안감을 느끼는 아이들도 많습니다.

저는 그런 아이의 부모에게 "집안에서는 사람이 들을 수 있는 가장 작은 목소리로, 천천히 차분하게 이야기하세요"라고 말합니다.

불안이 심한 아이 앞에서는 늘 차분하게 이야기하는 것이 좋습니다.

'그런다고 불안이 없어질까?'라는 의문이 들기도 하겠지만, 의외로 효과가 있습니다.

아이가 뭔가에 불안을 느끼거나 막연한 불안감에 사로잡혀 있다면 한 번쯤 시도해보세요.

사과하고 용서하는 모습을 보여주세요

싸우지 않는 게 가장 좋은 방법이지만, 적어도 아이 앞에서 싸우는 것만은 피하는 것이 좋습니다.

배우자에게 왈칵 화가 치밀 때는 그런 모습이 아이의 심리에 악영향을 미친다는 것을 떠올려 보세요.

그럼에도 아이 앞에서 부부싸움을 하고 말았다면, 싸운 후 화해하는 모습까지 아이에게 보여주는 것이 중요합니다. 감정싸움으로만 끝내지 말고 화해하고 관계를 회복하는 모습이나 서로 사과하고 용서하는 모습을 보여주는 것입니다.

그런 모습을 통해 아이가 인간 관계를 배워나가는 것입니다.

닥터 사와의 한마디   부부싸움을 했다면 서로 화해하는 모습까지 아이에게 보여주세요.

엄마가 힘들면 나도 속상해

엄마는 혼자가 아니에요

소아정신과 의사인 제가 생각하기에, 자녀와 함께 진료실을 찾지 않더라도 육아에 관한 문제나 고민거리가 없는 사람은 드물 것입니다. 부모나 친척 또는 아이 친구의 엄마 등 주변 사람들로부터 육아에 관한 이런저런 이야기를 듣고 고민하거나 망설이는 엄마들도 수없이 많을 겁니다.

제가 이 책을 쓴 것은 그런 엄마들에게 '너무 고민할 것 없어요, 당신은 혼자가 아니에요'라는 마음을 전하고 싶었기 때문입니다.

한번은 이런 일이 있었습니다.

학교만 가려고 하면 배가 아프다는 한 초등학생 남자아이의 엄마가 고민 끝에 진료실을 찾아왔습니다.

"학교에 못 가겠다면, 꼭 억지로 보내지 않아도 될 것 같은데요."

제 입장에서는 공감하고자 한 말이었는데 아무래도 말하는 방식에 배려가 부족했던 것 같습니다.

"선생님이 제 마음을 아세요! 싱글 맘인 제게 아이를 집에 혼자 두라니요? 남의 사정도 모르면서 함부로 말하지 마세요!"라며 크게 혼이 났습니다.

실은 저도 등교 거부아인 큰딸을 둔 싱글 맘으로, 그 엄마와 같은 상황이었습니다. 당연히 그분은 그런 사정을 알 리 없었죠. 하지만 당시에는 아이의 엄마가 워낙 크게 화를 내는 바람에 그런 사정을 이야기하지 못했습니다.

아이 걱정에 노심초사하던 그 엄마를 위해 무슨 말을 해줄 수 있었을지 지금도 아쉬움이 남습니다. 아이 못지않게 엄마도 힘들다는 사실을 잊으면 안 된다는 교훈을 얻었던 소중한 경험이었습니다.

저도 학교에 가지 않는 큰딸에 대한 불안이 전혀 없는 것은 아닙니다. 그렇지만 자문자답하는 2, 3년의 시간을 보낸 후로는 학교에 가지 않는 아이의 선택을 조금씩 받아들이게 되었습니다.

그런 과정을 겪었기 때문에 "굳이 학교에 보내지 않아도 된다"는 말이 나온 것이었는데요. 결국 그 과정을 제대로 설명하지 못한 제 탓이라고 생각합니다.

그날 이후, 진료실에서도 내 경험을 이야기하며 상대에게 공감하는 자세가 필요하다는 생각을 갖게 되었습니다.

"우리 애도 등교 거부라 어떤 마음인지 잘 알아요. 처음엔 나도 억지로라도 학교에 보내려고 했거든요."

이렇게 사실대로 이야기했더라면 '학교에 보내지 않아도 된다'는 제 말도 조금은 다르게 받아들였을지 모릅니다.

일과 가정을 혼자 힘으로 꾸려나가야 하는 싱글 맘의 고충도 충분히 이해합니다.

"혼자서 해내기엔 정말 힘든 일이죠. 나도 그랬어요. 그래서 여기저기 도움도 많이 받고 있어요."

이렇게 말하면 그 엄마도 마음이 조금은 가벼워졌을지 모릅니다.

어떤 식으로든 허심탄회한 대화를 나누며 힘들어하는 그 엄마에게 '당신은 혼자가 아니에요'라는 메시지를 전할 수 있었다면 얼마나 좋았을까요.

이제는 기회가 있을 때마다 제 이야기도 하고 있습니다.

혼자 애쓰지 말고 주변에 도움을 요청하세요.

아무말 없이 옆에만 있어도 좋아

곁에 있는 것만으로도 위로가 될 수 있어요

정신과 의사로 일하면서 말없이 곁에 있는 것만으로도 위로가 될 수 있다는 것을 깨닫게 되었습니다.

힘든 시기를 겪고 있는 사람에게 도움이 되는 조언을 해주고 싶겠지만 꼭 그럴 필요는 없습니다.

'무슨 말을 해야 하지', '얼마나 힘들었을까' 하고 상대의 괴로운 심정을 헤아려 공감의 말을 떠올리는 게 쉬운 일이 아니다보니 시간이 걸립니다.

침묵의 시간이 긴만큼 그 마음이 상대에게 전해지기도 합니다.

애써 위로의 말을 찾지 않아도 침묵을 통해 공감을 전달할 수 있는 것입니다.

진료실에서도 적당한 말이 떠오르지 않을 때에는 굳이 말을 이어가려고 하지 않고 잠자코(상대의 심정을 헤아리며 말을 고르고 있는 중이기는 하지만) 있을 때도 많습니다.

아이에게도 솔직하게 "무슨 말을 해야 할지 모르겠구나, 정말 힘들었을 것 같아. 이렇게 말을 꺼내는 것도 쉽지 않았을 거야. 용기 내 이야기해줘서 고마워"라고 말할 때가 있습니다.

제가 직접 경험한 일이 아니기 때문에 진정한 의미의 공감은 어려울지 모르지만 너만 괜찮다면, 지금 겪고 있는 고통에 대해 함께 생각하고 그 고통을 덜어낼 수 있는 방법까지도 함께 고민해보고 싶다는 마음을 전달하는 것입니다.

자녀 문제로 고민하는 엄마들도 마찬가지입니다.

'육아'는 누가 가르쳐주는 게 아니기 때문에 막연한 불안감을 안고 있는 사람이 많습니다. 과거와 달리 이웃 간의 교류도 활발하지 않기 때문에 혼자 외롭게 아이를 키우는 엄마들 역시 많은 듯합니다.

또 지금과 같은 정보 사회에서는 쏟아지는 정보의 홍수 속에서 길을 잃기도 합니다. SNS만 검색해도 온갖 정보가 쏟아집니다.

정보가 많으면 더 편해질 것 같지만 정답을 가려내기가 힘들어 오히려 불안이 심해지는 엄마들도 적지 않습니다.

엄마가 힘들어하면 아이도 힘듭니다.

힘들 때는 고민을 털어놓고 의논할 상대가 필요합니다. 의논할 상대가 없으면 가까운 보건소나 보건센터, 또는 정신건강 클리닉이나 지역별 육아 지원 센터 혹은 지자체에서 운영하는 교육 상담 기관 등을 찾아가보는 것도 좋습니다.

가족과 의논할 수 없다면, 제삼자나 다른 기관의 도움을 받으면 됩니다. 지금과 같은 세상에서 오로지 부모만 육아를 도맡을 필요는 없습니다.

부모든 아이든, 의지할 곳은 많으면 많을수록 좋습니다.

완벽한 사람은 없어요, 힘들 땐 '도움'을 청하세요

내게도 엄마와 같은 역할을 해준 사람들이 여럿 있습니다. 중고생 때 종종 고민 상담을 해준 학원의 사무 선생님, 대학 때 참여했던 가스펠 동아리의 리더, 유학 시절 만난 일본인 아주머니 등등.

힘들 때는 '창피하다'거나 '폐를 끼친다'는 생각 말고 누구에게든 털어놓아보세요.

누군가에게 의지한다는 것은 부끄러운 일이 아닙니다. 조금이라도 의지가 된다면, 그 사람을 믿고 기대보세요.

당신이 아끼는 사람이 '도움'을 요청하면 민폐라고 느끼나요? 나를 믿고 의지해준 것이 기쁘지 않나요?

당신이 생각하는 것 이상으로 당신이 '도움'을 청하길 기다리는 사람들이 많습니다.

'남에게 폐를 끼치면 안 된다'고 가르치는 부모도 많지만 살다보면 내가 남에게 폐를 끼치기도 하고, 반대로 남이 내게 폐를 끼치는 상황도 있습니다.

폐를 끼쳤다는 생각이 들면 다음에는 내가 누군가에게 도움을 주면 됩니다.

힘들 땐 '고작 이런 일로' 같은 생각은 접어두고 용기를 내서 '도움'을 청하세요.

자해 행위를 하는 아이들 대부분이 이런 '도움'을 요청하지 못합니다. 힘든 상황에서 부모가 누군가에게 '도움'을 청하는 것을 보면 아이도 힘든 일이 있을 때 누군가에게 '도움'을 청하는 것을 망설이지 않을 것입니다.

부모도 누군가를 의지하고 기댈 수 있습니다. 다른 사람의 도움을 받아도 됩니다. 세상에 완벽한 사람은 없으니까요.

힘들 때는 혼자 고민하지 말고 용기를 내 '도움'을 청하세요.

02

아이는
혼나는 것이 싫습니다

왜 자꾸 한숨만 쉬어?

아이는 부모의 부정적인 언동에 민감해요

앞서 부모가 부정적인 말을 하거나 감정적으로 언성을 높이는 것이 아이에게 좋지 않은 영향을 미칠 수 있다고 이야기했는데, 부모의 표정이나 행동 또는 태도 등에 민감하게 반응하는 아이도 많습니다.

특히 초등학교 고학년부터 중학생 무렵의 아이는 주변의 시선에 민감합니다. 이때는 가장 가까이에 있는 부모가 자신을 어떻게 생각하고 평가하는지가 신경 쓰여 부모의 일거수일투족에 민감해지는 아이들도 많습니다.

예를 들어 부모가 자신을 보며 한숨을 쉬거나, 인상을 찌푸리거나, 무시하거나, 고민하는 모습을 볼 때마다 아이는 자신의 존재 가치를 의심하게 됩니다. 특히 클리닉을 찾은 아이들 중에는 "부모님도 절 한심하게 여기실지 몰라요…"라며 부모의 평가를 의식하는 아이도 있습니다.

간혹 엄마가 한숨을 쉬거나 언짢아하는 표정을 볼 때마다 깊은 상처를 받고 "엄마가 날 포기한 것 같아요"라고 하던 아이도 있었습니다. 또 부모가 다른 형제를 칭찬하면 "역시 난 안 돼"라거나 "내가 재(형제나 친구)보다 못해서겠지"라며 좌절하는 아이도 있습니다.

아이들의 이야기를 듣다보면, 아이가 부모의 부정적인 감정을 이 정도까지 민감하게 감지한다는 것을 깨닫고 놀라곤 합니다.

기억해주세요. 부모에게 부정되는 것만큼 아이에게 슬픈 일은 없습니다.

닥터 사와의
한마디   아이는 부모의 사소한 행동에도 상처를 받아요.

내 기분은 무시한 채
강요하지 않았으면

어차피 부모 뜻대로 되지 않아요

자녀의 능력이나 학력을 중시하는 부모는 목표 지향적으로 아이를 몰아붙이는 경향이 있습니다.

아이의 성적이나 점수를 보고 크게 실망하는 모습을 보이거나 다른 아이와 비교하는 등 의도적으로 혹은 무의식적으로 아이를 통제하려는 부모도 있습니다. 그런다고 아이가 부모가 원하는 대로 크는 것은 아닙니다.

어쩌면 육아는 부모가 아무리 노력해도 뜻대로 되지 않는 것 중에서도 가장 어려운, 최고 난이도의 일일 것입니다. 그렇기 때문에 부모와 아이 모두 힘들어지는 것입니다.

저도 의도치 않게 아이들을 내가 원하는 대로 조종하려던 시기가 있었습니다.

　당시 유치원생이던 큰딸은 구몬 교실에 다녔습니다. 계산을 좋아했던지라 산수 진도가 빨랐는데 표창장을 받을 정도였습니다.

　"올해 안에 진도를 다 나가면 상을 받을 수 있어요"라는 구몬 선생님의 말에 저는 큰딸을 앉혀놓고 열심히 학습지를 풀게 했습니다.

　그러던 어느 날, 큰딸에게 헛기침과 같은 틱 증상이 나타났습니다(틱에 대한 오해가 없도록 조금 더 자세히 설명하자면, 부모의 잘못된 육아 방식 때문에 나타나는 증상이 아니라 뇌 이상으로 유소년기에 주로 발현하는 질환입니다. 대개 자연 치유되지만 과도한 스트레스로 인해 악화되거나 장기화되는 사례도 있습니다).

　저는 깊이 반성했습니다. 상을 받고 싶은 욕심에 아이를 너무 몰아붙였던 것입니다. 그리고 아이를 내 뜻대로 조종할 수 있다고 생각한 것 자체가 큰 착각이었다는 사실을 깨닫자 육아가 훨씬 편해졌습니다.

　그래서 저는 아이가 말을 듣지 않아 고민이라는 부모들의 이야기를 들을 때마다 아무리 아이라도 자기 뜻대로 조종하려 하지 않는 편이 서로가 편해지는 길이라고 이야기합니다.

상대를 마음대로 재단하지 마세요

애초에 인간 관계란 내 뜻대로 조종하려고 하면 할수록 어긋나게 마련입니다.

저도 진료실에서 환자의 이야기를 듣다보면 '이렇게 하면 될 텐데'라는 생각이 들 때가 있지만 그걸 상대에게 강요하진 않습니다.

환자가 힘들고, 불안해하는 문제에 대해 끝까지 다 들은 후 "어쩌면 이렇게 생각해볼 수도 있을 것 같아요. 어떻게 생각해요?"라거나 "그렇게 해봐도 여전히 불안할 것 같나요?"와 같이 한 발 한 발 다가가는 느낌으로 대화를 이어가는 것입니다.

심한 불안감에 사로잡혀 헤어나지 못하는 환자를 억지로 끌어내려고 하면 설령 그것이 옳은 방법일지라도 환자의 회복에 도움이 되지 않을 수 있습니다.

"그건 잘못된 생각이에요"라거나 "이게 맞는 거예요"라는 식으로 상대를 재단하는 것도 주의해야 합니다.

누구나 자기 나름의 생각과 가치관이 있습니다. 그런 가치관을 바탕으로 인생을 살아온 것이죠.

타인이 '옳고', '그름'을 가릴 수 있는 것이 아닙니다.

부모가 아이의 생각이나 가치관을 자기 마음대로 재단하고, 부정하고, 조종하려고 하면 아이는 불안정해지거나 자신감을 잃기도 하고 결국에는 마음의 문을 닫아버릴 가능성도 있습니다.

부모는 무의식적으로나 혹은 직접적으로 부정할 의도는 아니었다고 해도 비교나 실망과 같은 언동으로 아이를 통제하고 있지 않은지 또 그런 방식으로 아이의 인생을 조종하고 있지 않은지 한 번쯤 돌아보았으면 합니다.

닥터 사와의 한마디　억지로 조종하려고 하면 '스스로 결정하는 능력'을 배우지 못해요.

화내지 않아도 다 알아

부정은 자신감과 신뢰를 잃게 만들 수 있어요

'성인 아이(adult children)'라는 말이 있습니다. 'adult children of alcoholics'의 줄임말로, 원래는 알코올 의존증 부모 밑에서 자라 성인이 된 사람을 가리키는 말입니다. 현재는 학대나 방임 등 아이가 안심하고 지내기 힘든 생활환경, 즉 가정으로서 제대로 된 기능을 하지 못하는 환경에서 자라 삶의 고통을 안고 사는 사람들까지도 포함하는 말로 그 의미가 확대되어 사용되고 있습니다.

'성인 아이'는 의학적 진단명은 아니지만 어린 시절 가정환경의 영향으로 성인이 된 후에도 무언가에 의존하거나, 자기

정체성이 불안정하고 정서적으로 불안하거나 타인을 믿지 못하는 등 다양한 문제를 겪고 있는 사람을 가리키는 말로 사용되고 있습니다.

방임, 폭력, 학대, 알코올 의존증 등의 문제가 있는 부모 밑에서 자란 사람만이 아닙니다. 겉보기에는 지극히 정상적인 가정이지만, 가정교육이 지나치게 엄격한 환경에서 자란 사람은 '성인 아이'의 특징을 보이기도 합니다.

예를 들면, 부모로부터 인격을 부정하는 말을 들으며 자란 사람이 있습니다.

'구제불능', '바보', '거짓말쟁이', '게으름뱅이' 등 어릴 때부터 인격을 부정하는 말을 들으며 자란 아이는 어차피 자신은 구제불능이라며 자포자기에 빠지는 경우가 있습니다.

있는 그대로의 자신을 긍정하지 못하기 때문에 자신감도 없을뿐더러 타인을 신뢰할 수 없게 되는 경우도 있습니다.

가정교육이 엄격한 부모들은 대개 "아이의 장래를 생각해서 엄하게 나무라는 거예요"라고 이야기합니다.

그런데 애초에 아이를 '엄하게' 나무랄 필요가 있었나요?

아이에게 화를 냈던 상황을 돌이켜보세요

저 역시 전에는 화를 내며 아이를 향해 언성을 높이기도 했습니다.

그런데 아이에게 화를 냈던 상황을 가만히 돌이켜보니 아이가 아닌 다른 사람 혹은 상황에 대한 불만이었다는 것을 깨달았습니다.

예를 들어 급한 스케줄에 쫓기다보니 아이에게까지 화를 냈던 것입니다.

급한 일이나 시간에 쫓기는 상황에서는 더 쉽게 화가 끓어오르기도 했습니다.

내게 그런 경향이 있다는 것을 깨닫고 하루는 아이에게 화를 낸 후 '내가 해야 할 일을 미룬 탓인데 애꿎은 아이만 혼냈다'라는 생각에 더는 시간에 쫓겨 서두르는 일이 없도록 주의하고 있습니다. 그 후로는 아이를 혼내거나 화를 내는 일이 거의 없습니다.

물론, 도로에서 위험한 행동을 하거나 주차장에서 뛰어다니는 등 사고로 이어질 수 있는 위험한 상황에서는 큰소리로 주의를 주기도 합니다.

하지만 그런 상황에서도 화를 내거나 혼내는 것이 아니라 걱정이 되어 하는 말이라는 것을 알려줍니다.

"주차장에서 무턱대고 뛰다가는 차에 치일 수도 있어. 다쳐서 몸도 아프고 움직이지도 못하면 얼마나 속상하겠니"라고 차분히 설명해주는 것입니다.

해선 안 될 이유를 알려주면, 일정 연령 이상의 아이들은 충분히 이해합니다.

어른도 이유 없이 무조건 야단만 치면 납득하지 못할 테니까요.

하지만 부모도 사람이다 보니 벌컥 화가 치밀거나 혼을 내게 되는 상황이 있을 수 있습니다.

진료실에서도 "나도 모르게 아이에게 화를 내고 말아요…"라며 고민하는 부모도 많습니다. 저는 그런 부모에게 왜 그렇게 화가 났었는지를 곰곰이 생각해보라고 이야기합니다.

자신이 왜 그렇게 화를 냈었는지 스스로를 분석해보는 것입니다.

한번은 둘째 딸이 차 안에서 사이다에 라무네 사탕(라무네(ラムネ)'란 이름은 '레모네이드'가 와전된 명칭으로 지금은 특정한 맛의 음료를 뜻하는 고유 명사가 되었다_옮긴이)을 넣는 바람에 사이다가 분수처럼 뿜어져 나온 적이 있습니다. 그때는 나도 모르게

"너 지금 뭐하는 거야!"라고 큰소리를 내고 말았습니다.

실험을 좋아하는 둘째 딸의 호기심이 발동했던 것이었습니다. 차 안이 사이다 범벅이 되면 벌레가 꼬일 수 있으니 다음부터는 욕실에서 해보자고 잘 타이른 후 그 일을 마무리 지었습니다.

부모로서는 어이없고 기막힌 사건이었지만 둘째 딸의 호기심, 사이다에 라무네 사탕을 넣으면 엄청난 일이 벌어진다는 것을 경험한 그날의 기억은 평생 갈 것입니다.

아이가 시도도 해보기 전부터 "하지 마!"라고 혼을 냈다면 이런 경험은 얻지 못했을 것입니다. 아이의 사소한 흥미나 호기심이 발동될 기회를 빼앗고 싶지 않았습니다.

물론 이와 같은 일이 벌어지면 나도 모르게 왈칵 화가 치밀 수도 있습니다. 사이다 범벅이 된 자동차를 세차하는 것도 골치 아픈 일이지요. 하지만 아이가 차를 더럽히지 않고 깨끗하게 타는 건 쉬운 일이 아닙니다. 발상을 전환해, 아이가 더럽혀도 괜찮을 만한 방법을 강구하는 것도 육아의 재미 중 하나라고 생각하기로 했습니다. 차를 깨끗하게 유지하는 것과 아이의 호기심을 키워주는 것 중 어느 쪽이 더 중요한가요?

제 경우에는 '시간'이지만 '청결'이나 '민폐' 또는 '예의' 등 저

마다 화를 내기 쉬운 포인트가 있으리라 생각합니다. 먼저, 자
신의 언동을 돌아보는 습관을 길러보세요.

닥터 사와의
한마디   **어른의 사정으로 아이의 호기심을 억누르지 마세요.**

왜 같은 말을 계속 하는 거야?

아이가 '잘못한' 것보다 '잘한' 것에 주목하세요

'자녀 교육은 부모의 역할'이라는 생각에 끊임없이 잔소리를 하는 엄마들이 적지 않습니다.

하지만 아이에게 같은 말을 여러 번 해봤자 역효과만 날 뿐입니다.

여러 번 주의를 줬는데도 아이의 행동이 바뀌지 않으면, 부모도 화가 날 수밖에 없습니다.

그럴 때는 '부모가 바라는 행위에 주목'하거나 '아이가 들을 준비가 되었을 때 이야기하는' 두 가지를 의식하면 효과적입니다.

먼저 '부모가 바라는 행위에 주목'하는 것은 특히 초등학생 정도의 아이에게 적합합니다. 어린 아이들은 여러 번 주의를 줄수록 문제 행동이 증가하기도 합니다.

아이는 부모에게 주의를 듣더라도 주목받는 것 자체가 자신에 대한 반응이라고 여겨 문제 행동을 되풀이하는 것입니다.

반대로, 부모가 바라는 행위에 주목해 이야기하면 아이는 그 행동을 하게 될 것입니다. 즉 아이가 잘못한 것이 아니라 '잘한 것'을 찾는 것입니다.

예를 들어, 진료실에서 "우리 애는 식사 시간에 가만히 앉아 있질 못해요"라고 호소하는 엄마에게는 "아이가 자리에 앉아 있을 때, 그 행동을 칭찬해주세요"라고 이야기합니다.

자리에 앉아있는 시간이 고작 10초 남짓이고, 나머지 시간에는 여전히 돌아다닌다고 해도 그 10초를 찾아내 바로 칭찬하는 것입니다.

또 하나는 '아이가 들을 준비가 되었을 때 이야기하는' 방법으로 부모가 원할 때가 아닌 아이가 들을 준비가 되었을 때 이야기하는 것입니다.

예를 들어, 아이가 게임에 푹 빠져 있을 때는 "방 정리 좀 해"

라고 아무리 이야기해도 들리지 않을 것입니다.

아이가 방 정리를 하게 하려면 게임을 시작하기 전에 "방 정리부터 하고 게임을 하면 마음 편히 놀 수 있잖니?"라고 이야기하는 것도 좋습니다.

'방 정리를 하면 이런 좋은 점이 있다'는 것을 알려주면 아이의 행동이 바뀔 가능성이 있습니다.

또 아이와 눈이 마주쳤을 때 이야기하거나 "엄마가 할 얘기가 있는데, 게임을 잠깐 멈출 수 있을 때 엄마 얘기를 좀 들어주면 좋겠어"라고 말한 후 아이가 게임을 멈추고 귀를 기울일 준비가 되었을 때 마주 앉아 이야기하는 등 아이가 귀 기울여 들을 수 있는 기회를 만드는 것도 중요합니다.

아이에게 같은 말을 여러 번 반복하는 것은 아이뿐 아니라 부모에게도 기분 좋은 일이 아닙니다. 아이의 감정을 헤아린 전달 방식으로 서로 기분 좋게 이야기할 수 있다면 그 편이 낫지 않나요?

닥터 사와의 한마디   부모가 원할 때보다 아이가 들을 준비가 되었을 때 이야기해 주세요.

사사건건
간섭하지 않았으면

대화의 힘

부모라면 누구나 자녀가 '이렇게 컸으면 좋겠다'는 바람이 있겠지만 아이의 의사를 존중하지 않고 그런 생각을 강요하면 아이의 의욕을 빼앗는 일이 될 수 있습니다.

부모의 의사를 전달할 때는 명령이나 지시로 아이를 조종하려 하지 말고 대화를 통해 전달하는 편이 좋습니다.

예를 들어, 아이가 어떤 행동을 하길 바란다면 무조건 "이렇게 해"라고 하는 게 아니라 왜 부모인 당신이 아이에게 그런 행동을 하길 바라는지 명확하게 알려주는 것입니다. 그리고 "엄마는 이렇게 생각하는데, 네 생각은 어때?"라는 식으로 아이의 의견을 물어보는 것입니다.

반대로, 어떤 행동을 그만두게 하고 싶을 때도 무조건 '그만 해'라고 지시하는 게 아니라 그런 행동을 하면 어떻게 되는지, 왜 그런 행동을 하지 않는 게 좋은지를 알려주고 아이가 어떻게 하고 싶은지 아이의 의견을 물어보는 것입니다.

부모가 특정한 방침을 정하는 것이 아니라 대화를 통해 부모의 생각을 전달하는 것입니다.

한번은 딸이 친구를 두고 심한 말로 험담하는 것을 들었습니다. 순간 화가 치솟았지만 숨을 한 번 가다듬고 딸에게 어떤 상황에서 그런 말을 한 것인지 물었습니다. 그리고 "네가 만약 친구에게 그런 말을 들으면 어떨 것 같아?"라고 물었습니다.

"그런 말은 듣고 싶지 않아요"라는 딸의 대답에 저는 "그래, 맞아. 엄마도 그런 말은 듣고 싶지 않아. 그건 네 친구도 마찬가지 아닐까?"라고 말했습니다.

그러자 딸도 납득했는지 친구에게 사과했습니다.

대화는 무조건 "그만 해"라고 혼만 내는 것보다 시간이 걸립니다. "그런 말 하면 안 돼"라고 한마디 하는 편이 훨씬 편하겠죠.

하지만 아이의 뇌는 아직 어른에 비해 덜 발달된 상태입니다. 성급한 결론을 강요해봤자 생각이 따라가지 못하고, 이해할 수 없는 일은 정신적으로도 부담이 크기 때문에 아이가 그 반동으로 반항적인 행동을 보이는 원인이 되기도 합니다.

"아이가 말을 안 듣고 반항이 심해요"라고 말하는 부모들은 부디 아이와 더 많은 대화를 나누었으면 합니다.

"네가 상대의 입장이라면, 어떻겠니?"와 같이 감정을 떠올리게 하면 자연히 "그럼, 어떻게 하면 좋을까?"에 대한 답도 나올 것입니다.

닥터 사와의
한마디

대화를 통해 부모의 생각과 그 이유를 아이에게 충분히 전달하세요.

엄마 아빠의 생각을
나에게 강요하지 않았으면

'나 전달법'으로 표현하세요

상대의 행동을 바꾸고 싶을 때는 '나 전달법(I-Message)'이 효과적입니다.

'나 전달법'은 "설거지하게 그릇을 가져다주면, 엄마가 정말 고마울 것 같은데"와 같이 '당신이 이런 행동을 하면, 나는 이렇게 느낀다'는 식으로 '나'를 주어로 하여 자신의 생각이나 주장을 전달하는 의사소통 방식입니다.

그리고 그 이상은 강요하지 않습니다. 자신의 감정을 표현했다면, 행동을 할지 말지는 상대가 결정하는 것이 중요합니다.

참고로, 이 '나 전달법'은 알코올 의존증 치료에도 사용되는 방법입니다.

실제로 저는 알코올 의존증 병동에서 근무하던 시기가 있었습니다.

알코올 의존증의 경우, 일단 술을 끊는 것이 중요한데 "술은 몸에 좋지 않으니, 끊어야 해요"라고 말해도 환자들은 좀처럼 술을 끊지 않습니다.

"술을 끊어야 해요"라는 표현은 '너'가 주어이기 때문에 상대에게는 명령처럼 느껴질 수 있습니다.

어릴 때 부모님이 "숙제해라"라고 하면 괜히 짜증이 나지 않던가요? 안 그래도 하려던 참인데 그런 말을 들으면 더 하기 싫고 화가 나지 않던가요? 그것과 마찬가지입니다.

그래서 알코올 의존증 환자에게는 "당신의 건강이 걱정이니 술을 줄여주면 좋겠어요"라는 식으로 자신의 생각을 전달하는 편이 상대의 행동을 바꿀 수 있는 가능성이 높습니다.

'내가 아무리 화내고 나무란들 다른 사람의 행동은 쉽게 바꿀 수 없다'는 것이 의존증 환자를 치료하면서 얻은 교훈입니다.

특히 알코올 의존증 환자는 자신을 책망한다고 느끼면 진료실에 발을 끊습니다.

그대로 두면 알코올로 인해 목숨을 잃는 경우도 있기 때문에 어떻게든 진료를 계속 받을 수 있게 하는 것이 가장 중요한 치료입니다.

그건 상대가 어린 아이라도 마찬가지입니다.

억지로 부모 말을 듣게 하면, 도망칠 곳 없는 아이는 일단 부모의 말을 듣고 부모의 눈치를 살피게 됩니다.

그렇게 되면 아이의 속마음이나 감정을 들을 수 없게 됩니다.

내 아이가 무슨 생각을 하고, 어떻게 느끼는지 알지 못한다면 부모로서 너무 슬픈 일이 아닐까요?

물론 아이의 모든 것을 다 알 수는 없겠지만 아이가 관심을 갖는 것이라거나 마음을 움직이는 일에 대해 듣는 것이 아이를 내 뜻대로 조종하는 것보다 훨씬 중요하다고 생각합니다.

아이보다 오래 산 부모로서 "이렇게 해야지"라거나 "그건 안 돼"와 같이 지시하고 싶을 때에도 꼭 한번 참아보세요.

중요한 건 아이가 스스로 판단하는 습관을 기르는 것입니다.

닥터 사와의
한마디 　　옳고 그름을 강요하지 말고 '나 전달법'으로 전해보세요.

엄마 아빠 말은 항상 맞아?

부모의 위신이 그렇게 중요한가요?

아이는 가끔 어른도 대답하기 어려운 질문을 할 때가 있습니다.

특히 아이가 어릴 때는 "구름은 어떻게 하늘에 떠 있어요?"라거나 "비행기는 어떻게 하늘을 날아요?"처럼 "왜? 어떻게?" 같은 질문을 쏟아내는데 그걸 '귀찮게' 여기는 부모도 있습니다.

다양한 것들에 흥미를 느낀 아이가 이것저것 질문을 하는 게 피곤하게 느껴질 수도 있습니다. 충분히 이해합니다. 육아는 때때로 부모에게서 마음의 여유마저 빼앗기 때문이죠.

또 부모로서 아이에게 "모른다"는 말을 하고 싶지 않을 수도 있고, 그로 인해 부모의 위신이 서지 않는다고 생각하는 사람도 있을지 모릅니다.

하지만 부모도 완벽한 인간은 아닙니다. 모르는 게 있다는 것이 부끄러운 일도 아닙니다.

부모가 모르는 것이 있으면 "같이 찾아볼까?" 하고 아이와 함께 알아보는 것도 좋고 "같이 생각해보자"라거나 "네 생각은 어때?"라는 식으로 아이와의 소통을 즐기는 것도 좋습니다.

부모의 말이 항상 옳다거나 부모가 아이보다 위라는 생각을 가진 사람도 있을지 모르지만 제가 생각하는 부모 자식 간의 관계는 결코 상하 관계가 아닙니다.

대등한 한 명의 인간으로서, 아이를 존중하는 마음을 가져야 합니다.

예컨대, 공작에 소질이 없는 저와 달리 둘째 딸은 늘 다양한 것들에서 아이디어를 떠올리고 새로운 시도를 멈추지 않습니다.

저는 그런 딸이 그저 대단하게 느껴집니다. 딸에게도 그렇게 말했죠.

한번은 둘째 딸이 녹말로 실험을 한다며 새로 산 녹말 한 봉을 다 써버린 일도 있었습니다.

액체와 섞은 녹말은 천천히 만졌을 때는 걸쭉한 상태이지만 빠르게 두드리면 단단해집니다. 액체에 힘을 가하면 고체처럼 단단해지는 '다일레이턴시 현상'을 실험해보고 싶었던 것입니다. 그리고 저는 부끄럽게도 부모가 된 후 처음으로 이 현상에 대해 알게 되었습니다(딸에게 감사하고 있습니다).

이렇게 둘째 딸은 늘 집안에 있는 온갖 것들을 이용해 다양한 실험을 하고 있습니다. 유튜브나 틱톡에서 본 것을 실제로 시도해보기도 합니다.

제가 이런 둘째 딸을 말리지 않는 것은 아이의 호기심에 찬물을 끼얹고 싶지 않기 때문입니다.

부모가 주방을 어지른다고 화를 내면 '실험해보고 싶고', '시도해보고 싶은' 아이의 발상을 억누르는 것이죠.

아이가 주방을 어지를지 어떨지는 일단 해 봐야 아는 것입니다. 시도도 해보기 전부터 '어지를 게 뻔해'라며 아이의 호기심 어린 도전을 막고 싶지 않습니다.

주방을 어지르면 아이가 직접 치우게 하면 됩니다. 녹말도 꼭 요리에만 쓰라는 법은 없으니까요.

아이가 부모의 눈치를 살피며 위축되길 바라지 않습니다.

어떤 아이든 부모가 모르는 자신만의 세계가 있습니다.

그것을 존중해주고 싶고, 무엇보다 부모가 그 세계를 빼앗고 싶지 않은 것이 제가 아이들을 혼내지 않는 가장 큰 이유입니다.

닥터 사와의
한마디   아이에게는 부모가 모르는 자기만의 세계가 있어요.

엄마도 완벽하지 않잖아!

부모의 실패한 모습을 보여줘도 괜찮아요

한번은 익숙지 않은 요리를 하다 크게 실패한 적이 있었습니다.

주방이 엉망진창이 된 것도 모자라 완성된 요리까지 맛이 없어서 아이들과 함께 한바탕 웃음을 터트렸죠. 그때 둘째 딸이 불쑥 꺼낸 말이 인상적이었습니다.

"정말 재밌다! 엄만 일은 잘하면서 요리에는 소질이 없나 봐요. 엄마도 못하는 게 있었잖아!"

또 일전에 제가 감정적으로 행동한 일을 사과하자 둘째 딸은 "엄마도 완벽할 순 없잖아. 그래도 사과했으니까 괜찮아요.

용서할게요"라고 말했습니다.

엄마의 완벽하지 않은 모습, 부족한 부분까지도 '재미있게' 생각해주는 둘째 딸의 말에 저는 안도감을 느꼈습니다. 그렇게 느끼고 웃어주는 것이 기뻤습니다.

저는 둘째 딸에게 "엄마의 실수도 너그럽게 용서해주는 네 따뜻한 마음이, 엄만 정말 고맙고 자랑스러워"라고 말해주었습니다.

당연히 부모도 틀리거나 실패할 수 있는데, 가끔 그런 모습을 숨기거나 아닌 척 속이는 부모도 있습니다. 자녀에게 엄한 부모일수록 그런 경향이 있습니다.

자신의 잘못을 인정하지 않는 부모는 앞에서도 이야기했던 것처럼 부모로서 입장이 곤란하다거나 위신이 서지 않는다는 생각을 가지고 있을지 모릅니다. 하지만 그건 잘못된 생각입니다.

아이가 어릴 때는 부모에게 의심을 품는 일이 드물지만, 사춘기 이후가 되면 상황이 달라집니다.

아이는 부모의 언동에 모순이 있으면, 금방 알아챕니다.

특히 부모가 아이를 엄하게 대하면 아이 역시 부모의 잘못에 엄격해지기 쉽습니다.

그리고 부모가 자신의 명백한 실패나 잘못을 인정하지 않으면 아이는 부모에 대한 커다란 불만 또는 불신감을 품게 됩니다.

저는 부모의 실패한 모습을 아이에게 보여주는 것도 좋다고 생각합니다.

부모의 실패를 본 아이가 '엄마, 아빠도 실패할 때가 있으니까 나도 이 정도쯤은 괜찮아'라고 생각할 수 있다면, 인생을 살아가는 데 있어 꼭 필요한 긍정적인 마인드가 되어줄 것입니다.

더 나아가 부모가 실패를 통해 배우고, 다시 일어서는 모습을 보여주는 것도 중요합니다.

또한 부모가 아이에게 잘못된 말이나 행동을 했다면 솔직히 인정하고 사과하는 것이 좋습니다. 그런 모습을 통해 아이는 서로 용서하는 법을 배웁니다.

상대가 누구든 자신의 잘못을 인정하고 사과함으로써 더 돈독한 관계를 쌓아나갈 수 있다는 것을 경험하게 될 것입니다.

부모는 아이에게 '실패를 통해 얻는 교훈'이 있으며 '완벽하지 않아도 괜찮다'는 것을 알려주는 본보기가 될 수 있습니다.

닥터 사와의 한마디 부모의 실패는 아이에게 인생의 교훈과 긍정적 마인드를 심어줄 수 있습니다.

03

아이는
자립하고 싶어합니다

엄마가 불안하다고
나까지 휘두르지 말아줘

아이보다 더 흥분하는 부모

간혹 아이에게 일어난 일을 자신의 불안으로 받아들이는 부모도 있습니다.

한 엄마가 '중학생 딸이 왕따 문제로 힘들어하니 진단서를 써 달라'며 진료실을 찾아온 일이 있었습니다.

진단서를 쓰려면 아이를 직접 만나 상태를 확인해야 했기 때문에 딸을 클리닉에 데려오게 했습니다. 그런데 진료실에서 아이와 엄마의 이야기를 가만히 듣다 보니 두 사람의 이야기가 일치하지 않는 부분이 있었습니다.

아이의 엄마는 "우리 애가 심한 상처를 받아서 밤에 잠도 못
자고 밥도 제대로 못 먹어요"라고 말했습니다. 하지만 아이에
게 "잠을 못 자는 날이 많니?"라고 묻자 "아뇨, 잠도 자고 밥도
잘 먹어요"라는 퉁명스러운 대답이 돌아왔습니다.

무슨 영문인지 몰라 아이의 엄마를 보았더니 무서운 얼굴로
아이에게 눈짓을 보내고 있었습니다.

아이의 상태를 과장해서 진단서를 받으려고 했던 모양입
니다.

그런데 이야기를 자세히 들어보니 아이가 학교에서 '왕따'를
당하는 것이나 상처를 받은 것은 사실이었습니다.

문제는 아이보다 엄마가 더 큰 상처를 받았다는 것입니다.
'내 아이가 왕따를 당한다'는 것을 참을 수 없었던 것이죠.

딸이 왕따를 당한 사연을 절절히 호소하는 엄마 옆에서 묵
묵히 이야기를 듣고 있는 아이를 보며 진짜 도움이 필요한 것
은 엄마일지도 모른다는 생각이 들었습니다.

실제 '왕따'를 당한 건 아이인데 엄마가 더 상처를 받고 흥분
한 모습이었습니다.

"우리 애가 왕따를 당해 크게 상처받았다"고 말하는 엄마에
게 오히려 아이가 시달리는 것처럼 보였습니다.

엄마와 아이 사이의 고통의 경계선이 흐릿해진 상태였습니다.

진단서를 들고 학교를 찾아갈 생각이라는 엄마의 이야기를 듣다 보니 아무래도 아이의 엄마가 매사를 확대 해석하는 경향이 있는 듯했습니다.

이대로는 아이가 힘들겠다는 생각이 들었습니다.

그리고 아이가 상처받았다며 흥분하는 엄마를 바라보는 아이의 냉랭한 눈빛이 무척 인상적이었습니다.

물론 아이 엄마에게도 자신만의 가치 기준이 있고 부모로서의 감정도 있기 때문에 아이가 왕따를 당해 상처받았다는 것을 부정할 생각은 없습니다.

자신의 아이가 왕따를 당한 것이 무척이나 슬프고 괴로웠을 것입니다.

하지만 엄마가 느낀 상처를 아이도 똑같이 느끼고 있을 것이라고 단정할 수는 없습니다.

나만큼 아이도 똑같이 상처받았을 것이라는 발상은 냉정하게 다시 생각해보는 것이 좋습니다.

지금 느끼는 불안은 과연 누구의 것인가요?

클리닉을 찾는 부모들은 대개 아이 문제로 불안감을 안고 있지만, 부모의 괜한 불안(이라고 하면 화를 내는 사람도 있을지 모르지만)인 경우도 있습니다.

그리고 "아이 문제만 해결되면, 내 불안도 사라질 거예요"라고 말하는 엄마에게 저는 이렇게 묻습니다.

"그게 정말 아이의 문제인가요?"

 닥터 사와의 한마디 상처받은 게 아이인지 아니면 부모 자신인지 냉정하게 판단하는 것이 중요합니다.

엄마는 내가 그렇게 걱정돼?

부모의 불안이 아이에게 미치는 영향

클리닉을 찾는 부모는 물론이고 제가 운영하는 유튜브 채널과 인스타그램에 달리는 평가나 댓글을 보더라도 심한 불안감을 가진 부모(특히, 엄마)가 많은 것 같습니다.

사람은 예측할 수 없는 일에 불안을 느끼기 때문에, 예측 불가능한 일들의 연속인 육아에 불안이나 스트레스를 느끼기 쉬운 것도 잘 알고 있습니다.

다만 부모가 바라는 대로 아이가 크는 것도 아니고, 장래를 예측하는 것도 어렵습니다.

부모가 불안하기 때문에 아이를 통제하고 싶어지는 것입니다. 불안하기 때문에, 자신과 같은 길을 걷게 하려는 부모도 있습니다.

부모가 아이의 인생을 통제하면 안 된다고 말하는 저 역시 과거에는 그런 부모 중 하나였습니다.

제 모교인 나고야의 난잔 여자 중학교는 제가 졸업한 이후 부속 초등학교가 생겼습니다.

공부는 못했지만 학교생활을 무척 좋아했던 저는 큰딸도 난잔 초등학교에 입학해 난잔 중고등학교로 진학하면 좋겠다는 생각으로 사립학교 입시 학원에 보내기로 했습니다.

하지만 발달 장애 특성이 있는 큰딸에게 초등학교 입학시험은 매우 부담스러운 과제였다는 사실을 당시에는 알지 못했습니다. 낯선 장소나 상황에 심한 긴장감을 느끼는 큰딸은 학원에 갈 때마다 잔뜩 주눅 든 모습이었습니다.

그러다 문득 이런 생각이 들었습니다.

큰딸이 난잔 초등학교에 입학해 나와 같은 중학교로 진학하면 어렴풋이나마 아이의 인생 진로를 그려볼 수 있기 때문에 그저 내가 안심하려고 아이에게 입시를 강요한 것일지 모른다는 것입니다.

저는 미에 현의 사립 초등학교를 졸업했기 때문에 공립 초등학교에 다닌 경험이 없습니다. 막연히 사립 초등학교에 보내는 것이 좋다고 생각했던 것입니다.

하지만 큰딸이 진학한 공립 초등학교에는 훌륭한 선생님들이 많았습니다. 공립 초등학교에 대한 막연한 불안감을 가졌던 자신을 반성했습니다.

부모의 판단으로 자녀의 진로를 결정하고 그 길로 아이를 이끄는 것을 당연하게 생각하지 말고 한 번쯤 돌아보았으면 합니다.

'왜 아이가 그 길을 걷길 바라는지'를 말입니다. 그 길이 진정 아이에게 가장 적합한 선택인가요?

혹시 아이가 그 길로 갔을 때 엄마인 당신이 안심할 수 있기 때문은 아닌가요?

아이가 정말 바라는 길인가요?

한 분야에서 성공한 부모가 자녀를 자신과 같은 길을 걷게 하는 것은 앞으로 펼쳐질 과정을 쉽게 예상할 수 있기 때문일 것입니다.

하지만 아이가 '예술가'나 '유튜버'가 되고 싶다고 하면 대부분 앞날을 예측할 수 없기 때문에 좀처럼 받아들이지 못하는 것입니다.

물론 살아가려면 어느 정도 돈도 필요하기 때문에 부모가 '그 일을 해서 제대로 먹고 살 수 있을지' 불안해하는 것도 당연합니다. 그렇다고 부모가 안심하기 위해 아이가 원치 않는 선택을 강요하는 것이 옳은 방법일까요?

자신이 안심하기 위해 아이를 조종하고 싶어 하는 것이라는 자각이 있다면, 그런 행동에 제동을 걸 수 있습니다.

자신의 불안 때문에 아이에게 공부를 강요하고 있다는 자각이 있는 사람과 그렇지 못한 사람은 아이에 대한 압박의 강도가 다릅니다. 아이도 "다 너를 위해서야"라는 말과 함께 가중되는 부담감에 짓눌릴 수 있습니다.

아이가 스스로 자신의 인생을 선택할 수 있도록 키우는 것이 부모의 진정한 역할입니다.

닥터 사와의
한마디   아이가 걷길 바라는 길이 있을 때는 특히 주의하세요.

'해야 할 일'이 너무 많아

'해야 하는' 일이 많을수록 육아는 힘들어져요

명문 학교에 가야 한다거나 친구를 많이 사귀어야 한다거나 남에게 폐를 끼치면 안 된다는 등 부모로서 '해야 하는' 일이 많을수록 육아는 힘들어집니다.

스스로 그렇게 애쓰며 살아온 부모일수록 '해야 한다'는 의식이 강해서 그걸 따르지 않는 아이를 보면 힘들고 불안해집니다.

하지만 그것 역시 아이의 문제가 아니라 부모가 문제라고 여겨 불안을 느끼는 것뿐일 수 있습니다.

물론 앞서 이야기한 엄마와 같이 아이가 왕따나 괴롭힘을 당했다는 이야기를 들으면 부모로서 걱정이 되는 것이 당연합니다.

다만, 소아정신과 의사로서 부모가 아이보다 더 상처받은 모습을 보이면 아이는 '엄마가 걱정하니까 다음부턴 말하지 않는 게 나을지 몰라'라는 생각에 입을 다물어 버릴까봐 더 걱정입니다.

아이 문제로 불안할 때는 과연 어디부터 어디까지가 부모인 나의 불안이고, 어디부터 어디까지가 아이의 문제인지를 구분해 생각해야 합니다.

돌이켜보면 지금껏 명문 학교에 보내야 한다는 생각 때문에 아이의 학업 성적이 늘 불안했는데 곰곰이 생각해보면 내가 그렇게 컸기 때문에 아이도 그 길을 걸어야 한다고 생각했을 뿐이었습니다.

아이가 아니라 자신의 문제라는 것을 깨달으면, 아이에 대한 행동도 달라집니다.

무리해서 명문 학교에 들어간다고 해도, 학업을 따라가지 못해 자신감을 잃을 가능성도 있습니다.

단순히 명문 학교라는 기준보다는 아이가 좋아하는 것을 배울 수 있는 학교라거나 성격에 맞는 교풍의 학교와 같은 선택지도 있습니다.

중요한 것은 엄마가 자신의 불안이 어디에서 비롯된 것인지를 깨닫는 것입니다.

막연한 불안을 구체화하는 것은 불안을 안심으로 바꾸는 방법 중 하나로도 매우 효과적입니다.

스스로도 마음이 편해지고 아이를 대하는 태도도 달라질 것입니다.

아이에게 막연한 불안을 느끼는 부모는 먼저, 자기 자신의 불안과 마주하기 바랍니다.

나는 뭐가 그렇게 불안한 것일까, 그 불안은 어디서 비롯된 것일까.

부모가 자기 자신과 마주하는 습관을 기르면 아이 때문에 지나치게 불안해하지 않고 냉정하게 문제에 대처할 수 있게 됩니다.

'해야 하는' 일이 정말로 꼭 해야 하는 것인가요?

나만의 세상에
마음대로 들어오지 마

어른이 보는 세계와 아이가 체험하는 세계는 달라요

자폐 스펙트럼 경향이 있는 큰딸은 '친구들과 놀 때도 어쩐지 겉도는 느낌'이 드는 경우가 종종 있었습니다.

아이들은 무척 솔직합니다.

큰딸이 친구 A, B와 함께 셋이 놀고 있던 때의 일입니다.

큰딸이 보는 앞에서 친구 A가 B에게 "○○(큰딸)는 무슨 생각을 하는지 모르겠어"라고 말했습니다.

같은 자리에 있던 저는 내심 서운한 마음에 "그러지 말고 좀 더 이해하면서 같이 놀아줘"라고 말할 뻔했지만 꾹 참고 큰딸의 표정을 관찰했습니다.

큰딸은 별다른 표정 변화도 없이 아무렇지 않은 듯 보였습니다.

그걸 보고 '나는 좀 서운했는데, 아이는 그렇지 않았나보다' 하고 냉정하게 그 일을 넘길 수 있었습니다.

그리고 조금 지나자 큰딸도 다른 아이들과 어울려 스스럼없이 사이좋게 놀았습니다. 엄마인 제가 섣불리 나서지 않길 잘했다는 생각이 들었습니다.

아이들은 때때로 잔혹하게 (부모에게만 그렇게 들리는 것인지도 모르지만) 느껴질 정도의 말도 서슴지 않고 해서 어른인 부모가 오히려 상처를 받기도 합니다.

하지만 그런 때일수록 마음을 가라앉히고 냉정하게 아이를 관찰해보기 바랍니다.

아이가 진짜 상처를 받았는지 아닌지를 말이죠. 그것을 파악하는 것이 부모로서 무엇보다 중요한 일이라고 생각합니다.

아이가 어떤 상황에 상처를 받는지 아니면 받지 않는지 또 아이가 자신에게 부정적인 상황을 어떻게 받아들이고, 대응하는지를 말입니다.

'부모인 나도 속이 상하는데, 아이도 상처받았을 게 분명해. 내가 나서야 해'라며 다짜고짜 아이들 일에 끼어드는 것은 좋지 않습니다.

자신의 감정을 마주하는 것 특히, 부정적인 상황의 경우 아이 스스로 그것을 회피하거나 극복하는 방법을 찾아내고 이겨냄으로써 '자신의 힘으로 살아가는 능력'을 터득하게 됩니다.

그것을 저는 소아정신과 의사로서가 아닌 같은 엄마의 입장에서 아이의 성장을 통해 절실히 느꼈습니다.

닥터 사와의 한마디 내 아이가 '안타깝게' 여겨질 때일수록 마음을 가라앉히고 아이의 모습을 관찰해보세요.

엄마가 불안해하면
난 더 불안해

제대로 된 불안감을 갖는 게 중요해요

신종 코로나 바이러스가 맹위를 떨치던 시기에는 미지의 바이러스라는 불안감과 갑작스런 제한 조치로 인한 스트레스 때문에 불면증, 우울감, 극심한 긴장감 등의 증상을 호소하는 사람이 늘었습니다.

당시에는 필요 이상으로 불안감을 부추기는 기사며 잘못된 정보들도 많았습니다. 그때 저는 그런 정보가 단순한 소문인지, 근거 있는 사실인지를 파악해 '제대로 된 불안감'을 갖는 것이 얼마나 중요한지 생각하게 되었습니다.

육아도 마찬가지라고 생각합니다.

우선, 근거 없는 정보에 휘둘리지 말아야 합니다.

또 부모가 불안하다고 해서 아이의 특성이나 흥미와는 거리가 먼 교육을 강요하지 말아야 합니다.

그리고 앞에서도 이야기했듯, 아이의 불안을 부추기는 언행도 삼가야 합니다.

진료실에서도 "아이에게 말하기 전에 먼저, 자신이 불안하기 때문이 아닌지 생각해보세요"라고 이야기합니다.

그렇다고 불안이 전적으로 나쁘다는 것은 아닙니다.

불안이나 걱정 또는 공포도 사람이 살아가는 데 필요한 중요한 감정입니다.

불안이나 걱정이 있기 때문에 사람은 예측 불가능한 사태에 대비할 수 있고, 공포가 있기 때문에 사건사고를 피할 수 있습니다.

그렇지만 막연한 불안이나 걱정 또는 공포를 느끼는 상황은 누구라도 괴로울 것입니다.

그럴 때는 자신이 불안을 느끼는 대상이나 상황을 종이에 써보는 식으로 구체화하면 마음이 조금 편해집니다.

'이건 걱정해봐야 소용없는 일이야'라는 것을 깨닫거나 적절히 대처하면 크게 불안해할 필요가 없다는 사실을 알면 불안도 누그러집니다.

　머릿속이 온통 아이에 대한 불안으로 가득한 때일수록 엄마 스스로 자신의 불안과 마주하는 자세가 필요합니다.

닥터 사와의
한마디　　　　　제대로 된 불안감을 갖는 것이 중요합니다.

엄마가 힘든 게 나 때문일까?

아이는 엄마의 불안을 민감하게 감지해요

어느 날, 한 등교 거부 여중생의 엄마가 진료실로 찾아왔습니다.

발달 장애가 있던 그 아이는 사춘기에 접어들면서 난폭한 행동을 보였다고 합니다.

아이의 엄마는 학력도 높고 어렵기로 소문난 국가 자격증을 가진 전문직 여성이었습니다. 스스로의 힘으로 열심히 노력해 인생을 일구어온 유형의 여성이었죠.

다만, 남편은 육아에 전혀 관심이 없고 부부 사이도 좋지 않다고 했습니다.

아이 엄마는 아이를 위해 일도 그만두고 고군분투하는 나날을 보냈지만, 딸의 난폭한 행동은 경찰을 부를 정도로 심각해졌다고 합니다. 급기야 남동생에게까지 폭력을 휘두르자 클리닉을 찾아온 것이었습니다.

아이 엄마의 이야기에 따르면 아빠의 무관심, 부부의 불화, 사회에 적응하기 어려운 아이의 특성 등 다양한 요인과 함께 당시 다니던 입시 학원과 피아노 학원의 엄격한 수업 방식이 아이에게 스트레스를 주었던 것 같습니다(입시는 딸이 스스로 결정했다고 합니다만).

밤낮이 바뀐 아이는 밤새 게임을 하며 지내고, 기분이 좋지 않으면 방안에서 소리를 지르고 물건을 던지며 난동을 피웠다고 합니다.

아이의 엄마는 그 소리를 듣기만 해도 우울하고 '눈앞이 캄캄할' 지경이라며 절망했습니다. 그리고 딸이 저러는 건 자신이 엄마로서 아이를 제대로 키우지 못했기 때문이라며 자책했습니다.

저도 큰딸이 학교에 가지 않게 되었을 때 내가 아이를 잘못 키운 탓이라고 생각했던 때가 있었기 때문에 그 마음을 누구보다 잘 알고 있습니다.

하지만 엄마가 절망하고 불안해하면 아이는 엄마의 불안한 마음을 민감하게 감지하고 '엄마가 나 때문에 힘들어한다'는 생각에 점점 더 거친 행동을 하는 부정적인 악순환이 되풀이되는 것입니다.

부모의 불안감은 아이에게 전파돼요

특히 사춘기 아이를 둔 엄마는 인내와 관용을 끊임없이 시험당합니다. 그런 상황에서도 엄마가 자신의 시간과 감정을 소중히 여기고, 하고 싶은 일을 하며 즐겁게 지내는 것이 중요합니다.

아이 엄마는 일을 그만두고 딸을 보살피는 일에만 집중했는데, 딸은 이미 중학생이었죠. 일을 그만두면서 오히려 더 상황이 악화된 듯한 느낌이었습니다.

저는 아이 엄마에게 "일을 하고 싶다면, 조금씩 다시 시작해보면 어때요?"라고 이야기했습니다.

또 딸의 화를 돋우지 않으려고 늘 딸의 눈치를 살폈다는 엄마에게 "자신이 하고 싶은 일을 하면서 지내보면 어떨까요?"라고 제안했더니 어느 날, 아들과 둘이서 미뤄왔던 여행을 다녀왔다고 합니다.

처음에는 딸을 두고 여행을 간다는 것은 상상도 못했는데 막상 떠나보니 딸이 혼자서도 잘 지냈을 뿐 아니라 난폭한 행동도 하지 않고 같이 간 아들도 무척 좋아했다고 합니다.

자신이 하고 싶은 일을 하며 지내자 차츰 마음에 여유가 생기고 웃는 날도 많아졌다고 합니다.

그렇다고 딸이 학교에 가거나 밤낮이 바뀐 생활 자체가 달라진 것은 아니었습니다. 단지 그런 딸을 대하는 엄마의 태도와 생활 방식이 크게 바뀌었을 뿐입니다.

지금은 엄마 스스로 다양한 책을 찾아 읽고 이것저것 시도해보거나 아이들을 대학교에서 운영하는 심리 상담실에 데려가는 등 열심히 '해야 할 일'을 하고 있지만, 처음 클리닉에 왔을 때만 해도 딸이나 자신 또는 가족에 관한 모든 것을 비관했습니다.

엉망진창이 되어버린 가정을 어떻게 바로잡을 수 있을지 지푸라기라도 잡고 싶어 하는 모습이었습니다.

그랬던 아이의 엄마가 마음에 여유가 생기면서 서서히 관점이 바뀌기 시작한 것입니다. 그러자 딸의 태도도 조금씩 바뀌었다고 합니다.

딸의 난폭한 행동이 점점 줄어들고, 아들도 하고 싶은 것을 자유롭게 할 수 있게 되면서 가정이 평온을 되찾은 것입니다.

다행히 지금은 클리닉에 오지 않고도 잘 지내는 듯합니다.

부모는 '아이를 위해서'라면 물불을 가리지 않고 뛰어들 때가 있습니다.

하지만 아이가 안정된 어른으로 성장하려면 안정감이라는 토대가 필요하다는 것을 잊어서는 안 됩니다.

특히 엄마가 웃어주면 아이는 '내가 이곳에 있어도 된다'는 안정감을 얻습니다.

의식주와 같은 물질적인 풍요가 충족되는 것도 중요하지만, 아이에게는 안심, 안전 등의 정신적인 충족감을 주는 것이 무척 중요합니다.

어린 시절 안심할 수 있는 가정에서 자란 아이는 사회에서도 안전한 장소를 찾아 자신의 세계를 확대해나갈 수 있습니다. 그것이 진정한 의미의 자립이 아닐까요.

아이가 가장 안심할 수 있는 존재가 되어주는 것이야말로 부모의 역할이라고 생각합니다.

닥터 사와의 한마디 부모가 웃으며 지켜보는 것만으로도 아이는 안심할 수 있습니다.

04

아이는
믿어주기를 바랍니다

어차피 하지 못할 것 같아?

아이의 교우 관계까지 참견하는 부모

한 엄마는 중학생 딸의 친구 관계가 염려되어 학교 담임 선생님을 찾아갔다고 합니다.

딸이 친하게 지내는 아이가 머리를 갈색으로 염색하고 교복도 고쳐 입는 것을 보고, 딸에게 안 좋은 영향을 미칠까봐 걱정이 되었던 것입니다.

집에 돌아온 엄마는 딸에게 "웬만하면 공부 잘하는 친구하고만 놀아"라고 말했습니다. 하지만 그 말을 들은 딸이 거세게 반발하더니 그때까지 말대꾸 한 번 하지 않던 아이가 갑자기 반항적으로 돌변했다고 합니다.

저도 어릴 때 엄마가 언니에게 같은 행동을 하는 것을 본 적이 있습니다.

명문 학교에 다니던 언니는 머리를 금발로 염색한 눈에 띄는 외모의 친구가 있었습니다. 그걸 안 엄마가 몰래 학교에 전화를 걸어 다음 학기에는 그 친구와 다른 반이 되게 해달라고 부탁한 것입니다.

평소 언니에게 그 친구에 대한 이야기를 들었던 저는 머리는 금발로 물들였지만 성격은 무척 착한 언니라고 생각하고 있었습니다.

어린 나도 '엄마가 왜 그랬을까, 걱정하는 마음은 알겠지만 너무 한 것 같아'라고 생각했던 기억이 생생합니다.

자식을 사랑하는 마음만큼 걱정이 컸던 것이었겠죠. 저도 지금은 같은 엄마로서 그 마음을 충분히 이해합니다.

하지만 소아정신과 의사로서, 부모가 사춘기 자녀의 교우 관계에까지 개입하는 것은 경계하지 않을 수 없습니다.

사춘기는 친구 관계나 외부 세계를 중시하고 서서히 가정 밖에서 자신의 세계를 확대해가는 시기입니다.

교우 관계까지 참견하는 부모에게 반발하는 것은, 중학생 정도 나이의 아이에게는 정상적인 정신 발달 과정입니다.

그리고 부모의 이런 행위는 지나친 간섭이라고 하지 않을 수 없습니다.

물론 아이를 위하는 마음에서, 아이에게 좋지 않은 영향을 미칠까봐 걱정되어 한 일이라는 것을 모르지 않습니다.

하지만 부모가 아이의 인간 관계나 행동을 파악해 통제하는 식의 지나친 간섭이 계속되면 아이는 어떻게 느낄까요?

부모에게 신뢰받지 못하는 아이의 슬픔

실제로 자녀가 비행을 저지르거나 생활 태도에 문제가 있는 경우라면 교우 관계나 행동에 대해 본인에게 물어볼 필요가 있을지도 모릅니다.

하지만 아이의 교우 관계를 제한하거나 통제하는 것은 아이의 자립을 방해하는 행위라는 것을 알아야 합니다.

혹시라도 아이가 '엄마는 나를 믿지 않아'라고 생각한다면 얼마나 슬픈 일인가요.

부모의 지나친 간섭은 '내가 나서지 않으면 아무것도 못하는 아이'라고 낙인찍은 것이나 다름없습니다. 그리고 그걸 느낀 아이는 자신감을 잃게 될 가능성도 있습니다.

또 간섭이 심한 부모는 아이가 실패하거나 나쁜 길로 빠지지 않도록 사전에 위험 요소를 배제하려고 하는데, 그러면 아이 스스로 옳고 그른 것을 판단하는 능력이나 실패를 딛고 일어서는 방법을 배우지 못합니다.

아이가 성장하며 자립하길 바라는 부모가 스스로 그 싹을 잘라버리는 일은 결코 없어야 할 것입니다.

닥터 사와의
한마디

아이를 위한 행동이라도 한 번쯤 그 의미를 다시 생각해보세요.

나를 제대로 보고 듣고 믿어줘

'보지 않고, 기다리지 않고, 알아차리지 못하는' 부모

걱정이 많은 부모가 가지는 특징 중 하나는 아이가 자신의 감정을 말로 표현할 때까지 기다리지 못하고, 아이에게 온 신경을 쏟고 있는 것처럼 보이지만 실제로는 제대로 보고 있지 않다는 것입니다.

보고 있지 않으니, 아이가 말을 꺼내려 해도 알아차리지 못합니다.

이렇게 아이를 '보지 않고, 기다리지 않고, 알아차리지 못하는' 것이 불안감이 심한 부모의 공통적인 특징입니다.

'보지 않고, 기다리지 않고, 알아차리지 못하는' 부모는 아이를 믿지 못합니다.

걱정이 많은 부모는 자기가 없으면 아이가 아무것도 안 하고, 못 하고, 모른다고 생각하기 때문입니다.

그러다보니 지나치게 간섭하게 되는 것인데, 아이가 시작도 해보기 전부터 미리 조치를 취하거나 부모 마음대로 방침을 정해버리거나 하면 아이는 '내가 안 해도 어차피 엄마가 다 알아서 해줄 거야'라는 생각을 갖게 됩니다.

그렇게 아이 스스로는 아무것도 하지 못하는 악순환에 빠집니다.

결국 아이가 성장할 기회를 빼앗는 것은 다름 아닌 부모 자신이 되는 것입니다.

먼저 아이의 눈을 바라보고, 아이의 목소리를 듣는 것부터 시작해보세요.

그리고 아이를 믿고 지켜보는 것이 중요합니다.

아이의 목소리에 귀를 기울이고 있나요?

집에서 난폭한 행동을 일삼는 아이 때문에 클리닉을 찾은 부모 중에는 제게 "어떻게 하면 좋죠?"라고 묻는 엄마들도 많습니다.

아이 걱정에 어떻게든 해결책을 찾고 싶은 마음은 알겠지만, 그 답을 가지고 있는 것은 아이 본인입니다.

"아이에게 엄마가 어떻게 해주길 바라는지 물어본 적 있나요?"라고 물으면 말문이 막히는 부모가 많습니다.

물론 아이가 거친 행동을 보이면 부모도 감정적으로 반응할 수 있겠지만 늘 그렇지만은 않을 테니 그럴 때 "엄마가 어떻게 해주면 좋을까?" 하고 물어보는 것입니다.

머리로는 아이를 제대로 바라보고, 이야기를 들어주고, 믿어주어야 한다는 것을 알고 있지만 '대체 어떻게?'라는 생각이 들지도 모릅니다.

방법은 '보지 않고, 기다리지 않고, 알아차리지 못하는' 것과 반대로 그저 웃는 얼굴로 애정을 가지고 아이를 지켜보는 것입니다.

아이를 위해서라면 무슨 일이든 마다하지 않는 부모의 입장에서는 "그게 다예요?"라고 묻고 싶을지 모릅니다.

솔직히 말하자면, 그게 다입니다.

가장 간단하면서도 중요한 일이지만, 많은 엄마들이 가장 못하는 것이기도 합니다. 그리고 하려고만 하면, 당장이라도 할 수 있는 일이기도 합니다.

이 책을 통해 제가 전하고 싶은 말은 그저 엄마가 웃는 얼굴로 옆에 있어주는 것만으로도 아이는 안정감과 편안함을 느끼고 자신이 하고 싶은 말을 표현할 수 있게 된다는 것입니다.

닥터 사와의 한마디

그저 웃는 얼굴로 곁에 있어주세요. 간단할 것 같지만, 의외로 어려운 일입니다.

말없이 지켜봐주는 것만으로도 힘이 나

아이를 '믿고 지켜보는' 선택지

아이에 대한 불안을 떨치지 못하는 부모에게 꼭 하고 싶은 말이 있습니다. '애정을 갖고 지켜보는' 것도 중요한 육아 방식이라는 것입니다.

아이를 통제하는 것이 아니라 믿고 지켜보는 것입니다.

사람은 사회 안에서 안정적인 인간 관계를 맺으면 도를 넘는 행동이나 범죄 행위를 할 가능성이 낮아진다는 것이 일반적인 상식인데, 마찬가지로 부모의 신뢰도 아이의 행동에 좋은 영향을 미칩니다.

아이에 관해 어떤 행동을 취하기 전에 잠시 멈춰 서서 아이를 가만히 지켜보세요.

주변 정보에 휘둘리지 말고, 자신의 아이를 믿고 지켜보는 선택지가 있다는 것을 잊지 말았으면 합니다.

간섭이 심한 부모는 자신이 아이를 믿고 있지 않다는 자각이 없을 테지만 그런 행동이 아이에게 어떤 영향을 미칠지 신중히 생각해보아야 합니다.

아이를 위한 행동이 역효과를 가져온다면 과연 '아이를 위한' 일이라고 할 수 있을까요?

아이에게는 아이의 인생이 있고, 아이만의 의지와 생각도 있습니다.

"그래도 늘 잔소리하던 부모가 갑자기 아무 말도 하지 않으면 자길 포기했다고 생각하지 않을까요?"라고 묻는 엄마도 있었는데, 만약 아이가 그렇게 생각한다면 솔직히 말해주는 것도 좋습니다.

"지금까지 엄마는 네가 너무 걱정돼서 잔소리를 했던 것 같아. 앞으로는 너를 믿고 지켜볼 생각이야"라고 말하고 지금까지와는 다른 방식으로 대하겠다는 선언을 하는 것입니다.

"하지만 힘든 일이 있을 땐 언제든 엄마한테 말해도 돼, 엄

마가 도와줄게. 엄마는 널 포기한 게 아니야"라고 말하는 것도
좋습니다.

아이가 어떤 반응을 보일지는 아이의 표정을 보면 분명히
알 수 있을 것입니다.

한 걸음 물러서서 아이를 지켜봐주세요.

엄마가 자신을 믿어준다는 것, 무슨 일이 생기면 엄마가 도
와줄 것이라는 안정감이 아이의 자제심과 자신감을 키워줄
것입니다.

**닥터 사와의
한마디** 아이를 믿고 기다리세요. 말없이 지켜보는 것만으로도 마
음은 전해집니다.

내 생각이 궁금해?
그럼 말할 기회를 줘

아이가 속마음을 털어놓을 수 있는 분위기

아이는 자기 이야기를 제대로 들어주지 않는다고 생각하면 좀처럼 속마음을 털어놓지 않습니다.

앞서 불안이 심한 엄마는 진료실에서도 아이가 할 말을 대신하는 경향이 있다고 이야기했었는데요. 학교 선생님은 물론이고 친척이나 지인과 이야기할 때도 엄마가 아이를 대신해 대답할 때가 있을 것입니다.

아이가 이야기할 때 부모는 조용히, 아이가 안심하고 이야기할 수 있는 분위기를 만들어주는 것이 좋습니다.

아이보다 먼저 꼭 해야 할 이야기가 있다면 "엄마가 대신 말해도 될까?" 하고 아이에게 물어본 후 이야기하는 것이 좋습니다.

아무리 초조하고 답답해도 아이가 이야기할 기회를 빼앗아서는 안 됩니다.

특히 진료실에서는 아이가 어떤 감정을 느끼고, 무슨 생각을 하는지, 부모가 억지로 데려왔다고 해도 무슨 이유로 이곳에 왔는지 등을 아이에게 직접 듣고 싶습니다.

아이가 제대로 대답하지 못하면 창피하게 여기는 부모도 있겠지만 남들이 어떻게 생각하든 신경 쓰지 말고 우선 아이의 목소리에 귀를 기울여주세요.

세상의 눈이 아닌 아이의 눈을 바라보고, 아이의 목소리를 들어주세요.

닥터 사와의 한마디 귀를 기울이지 않으면, 아이는 자신의 이야기를 들려주지 않아요.

나 혼자서 할 수 있게 해줬으면

**실패를 피하는 방법보다
극복하는 방법을 가르쳐 주세요**

아이의 교우 관계까지 참견하는 부모들의 이야기를 들어보면 '아이가 실패하지 않길 바라는' 마음이 큰 경우가 많습니다.

예를 들면, 고등학생 딸의 휴대폰을 뒤져 친구들과의 대화 내용을 확인하는 부모도 있습니다.

또 고등학생 딸이 자는 동안 휴대폰 잠금을 풀고 멀리했으면 하는 상대의 연락처를 전부 지워버린 엄마도 있었습니다. 그 딸은 거식증에 걸려 회복되기까지 무척 고생했는데, 간섭

이 심한 부모와의 관계도 거식증의 원인 중 하나였으리라고
생각합니다.

누구나 친구나 이성과의 관계로 실패할 수 있습니다.
친구에게 말실수를 해서 다투기도 하고 이성 친구가 생겨
공부에 소홀해지는 등 아직 어리기 때문에 저지르는 실패도
있을 것입니다.
하지만 실패를 통해 배우는 것도 있습니다.

"사랑하는 아이가 실패를 겪지 않길 바라는 게 그렇게 나쁜
건가요?"라고 되묻는 부모도 있습니다.
물론 아이를 향한 애정에서 우러난 행동일 테지만 매사에
부모가 나서서 실패하지 않도록 조치를 취한다면 아이는 실
패해본 경험도 없이 사회에 나가게 됩니다.
그런 아이는 부모가 없으면 어떻게 해야 할지 몰라 혼란에
빠지기도 하고 결국 아무것도 하지 못하게 될 수도 있습니다.
때로는 단 한 번의 실패로 자신의 존재 가치까지 의심하는
정신적인 위기를 맞기도 합니다.

실은 제가 바로 그런 경우였습니다.

부모의 관리하에 큰 아이는 어른이 되어도 자기 인생의 주도권을 잡지 못하고 혼란을 겪는 경우가 있습니다.

저는 고민이 생기면 이내 엄마의 얼굴이 떠오르면서 '엄마라면 어떻게 할까?'를 먼저 생각하고, 엄마가 좋다고 하면 그제야 안심했습니다.

하지만 마음속으로는 늘 '내가 세상에 있든 없든, 달라질 건 없다'고 생각했습니다. 그 정도로 자신이 살아 있다는 것을 실감하지 못했던 것입니다.

결국 의사가 되었으니 엄마는 "내가 잘 키운 것 아니니?"라고 말할지도 모릅니다.

확실히 엄마의 교육열 덕분에 의사가 될 수 있었던 부분도 있는 만큼 제가 가지고 있는 부정적인 모습을 모두 부모 탓으로 돌릴 생각은 없습니다. 하지만 마음 한구석에서는 이런 생각도 합니다.

조금 더 내 힘으로 살아봤다면 어땠을까….

그랬다면 내게 어떤 인생이 펼쳐졌을까….

사람은 누구나 실패합니다. 중요한 것은 실패를 극복하는 방법입니다.

부모의 역할은 아이가 실패를 겪지 않도록 하는 것이 아니라 실패를 극복하는 방법을 가르치는 것입니다.

그리고 '실패해도 엄마, 아빠는 늘 네 편'이라는 것을 알려주는 것입니다.

닥터 사와의
한마디   **실패를 통해 배울 수 있는 것도 있습니다.**

잘하지 못하면 어떡하지?

결과에 연연하지 마세요

자녀가 수험 공부를 하는 경우라면 무조건 명문 학교 입학이 목표인 사람도 많지만, 그것이 인생의 최종 목표는 아닙니다.

성적이 좋지 않으면 부모로부터 인정받지 못하거나 학대를 받는 등, 안정적인 환경에서 자라지 못한 사람은 성장한 후에도 힘든 인생을 사는 경우가 많습니다.

자신감이 없다, 타인을 믿지 못한다, 하루하루가 조금도 즐겁지 않다, 내가 뭘 하고 싶은지, 뭘 좋아하는지 모르겠다 등 삶의 고통을 호소하는 사람도 적지 않습니다.

그렇기 때문에 가장 중요한 것은 역시 아이에게 안정감을 주는 것입니다.

실패해도 돌아갈 곳이 있으면, 아이는 안심하고 다시 도전할 수 있습니다.

웃으며 지켜봐주는 부모가 있기에, 아이는 안심하고 분발할 수 있는 것입니다.

부모에게 꾸중을 들을지 모른다고 생각하면 최고의 기량을 발휘하지 못할 수 있습니다. 그리고 결과가 좋지 않으면 부모에게조차 숨기게 되는 것입니다.

부모는 아이가 실패할까봐 불안해하기 전에 한발 앞서 아이에게 태도나 언동으로 안정감을 주어야 합니다.

만약 아이가 "시험에 떨어지면 어떡하죠? 내 인생은 완전 망하는 거죠?"라고 불안해한다면 절대 그렇지 않다고 알려주세요. 당연히 알고 있을 거라 생각지 말고, 아이에게 직접 이야기해주세요.

그리고 만에 하나 결과가 좋지 않더라도 "실패했구나!"라며 아이를 책망하지 마세요. 그동안의 노력이 전부 물거품이 되는 것은 아니라는 것을 알려주고 "다시 도전해보자"라고 말한 후 아이가 스스로 딛고 일어날 때까지 믿고 지켜봐주면 됩니다.

닥터 사와의 한마디

마음가짐을 바꾸면, 반드시 다시 도전할 수 있는 기회가 옵니다.

시험에 떨어지면
인생도 끝나는 거야?

'실패'의 정의

자녀의 실패에 대해 조금 더 이야기하려고 합니다. 그만큼 자녀의 실패를 두려워하는 부모가 많기 때문입니다.

일전에 클리닉을 찾은 한 엄마는 "우리 애가 워낙 실패에 취약해서 되도록이면 그런 경험을 겪게 하고 싶지 않아요"라고 이야기했습니다.

이처럼 "내 아이에게는 절대 실패를 겪게 하고 싶지 않다"는 부모들이 매우 많습니다. 하지만 과연 아이에게 '실패'란 무엇인가요?

'실패'의 정의에 대해 생각해본 적 있나요?

가령 사립 중학교 입학시험에 도전해 전부 떨어졌다면, 그건 실패인가요?

실패라고 생각하는 사람도 있겠지만, 수험 공부로 얻은 지식과 기초 학력이 사라지는 것은 아닙니다. 열심히 공부한 경험도 얻을 수 있었을 것입니다.

또 공립 중학교에 진학해 수험 공부로 얻은 지식과 기초 학력을 바탕으로 꾸준히 공부한다면 원하는 고등학교 입시에 도전해 합격할 수도 있습니다. 그러면 그건 실패가 아닌 거죠.

고등학교 입시만이 아닙니다. 수험 공부했던 과정을 앞으로의 인생에 활용해 결과적으로 자신이 납득할 수 있는 길을 선택한다면 이 또한 실패라고 할 수 없습니다.

하지만 누군가 그것을 '실패'라고 단정하면, 실패였다고 정의되어버리고 맙니다.

시험에 떨어졌을 때 부모가 '실패했다'고 인식하면, 아이도 그렇게 받아들입니다.

그로 인해 아이는 의욕과 자신감을 잃기도 합니다.

결국 부모가 결과를 어떻게 받아들이는지에 따라 아이의 미래가 크게 달라집니다.

그렇기 때문에 부모는 아이가 시험에 떨어졌다고 자신감이나 의욕 혹은 살아갈 기력마저 잃게 되는 결과를 초래하지 않도록 주의해야 합니다.

"실패했구나"라거나 "그동안 애쓴 게 다 헛수고가 되어버렸어" 같은 말은 전혀 도움이 되지 않습니다.

아이가 열심히 노력한 과정을 활용할 수 있도록 격려의 말을 해주는 것이 좋습니다.

부모와 아이가 실패라고 생각하지 않으면 그건 '실패'가 아닙니다. 얼마든지 다시 도전할 수 있습니다.

일상생활에서 겪는 사소한 일들도 마찬가지입니다.

만약 아이가 준비물을 깜빡했다면, 다음부터는 잊어버리지 않도록 주의할 것입니다.

다른 친구에게 빌리는 방법이 있다는 것도 배울 수 있습니다. 그리고 다음에는 자신이 친구에게 빌려주게 될 수도 있죠.

말실수를 해서 친구와 다투었다면, 자신의 잘못을 돌아보고 고칠 수 있는 기회가 될 것입니다. 실패한 경험이 있기 때문에 타인의 실패를 '그럴 수도 있지'라는 너그러운 마음으로 바라볼 수 있게 된다고 생각합니다.

닥터 사와의
한마디   지금껏 실패라고 생각했던 일들이, 진짜 실패였나요?

이제는 엄마가 시키는 대로만 하지 않을래

반항기는 부모의 가치관을 재고해볼 기회

초등학교 고학년부터 중학생 정도의 반항기를 맞은 아이를 어떻게 대해야 할지 모르겠다며 고민하는 부모도 있습니다.

저는 아이의 반항기가 반드시 나쁜 것만은 아니라고 생각합니다.

아이가 자신의 생각과 의견을 갖게 되고, 부모에게 의지하지 않으려는 자립심이 싹트는 정상적인 정신 발달 과정이기 때문에 부정적으로만 받아들일 필요는 없습니다.

다르게 말하면, 반항기는 부모가 아이를 통제하려고 해도 할 수 없게 되는 시기라고 할 수 있습니다.

반항기 자녀 때문에 고민이라면, 어쩌면 이제껏 부모가 아이를 통제하려고 했다는 것을 깨달을 기회입니다.

반항기뿐 아니라 육아 전반에 해당된다고 보는데 부모가 아이에 대해 조바심을 느끼거나 '왜 우리 애만 이럴까' 싶은 생각이 들 때는 부모 스스로가 '해야 한다'는 이상이나 규범에 얽매여 있는 것은 아닌지 돌아볼 필요가 있습니다.

가령 아이가 등교를 거부할 때 '무슨 일이 있어도 학교에 가야 한다'는 가치관을 가진 부모는 혼란에 빠지거나 불안이나 분노를 느끼는 경우도 있을 것입니다.

요즘은 대안 학교와 같이 등교 거부아를 지원하는 단체도 늘고 있습니다.

학교 이외에도 공부할 수 있는 곳이 있다는 것을 알면, 울고불고하는 아이를 억지로 학교에 보내려고 다그칠 필요가 없다는 생각을 하게 될지도 모릅니다.

당연히 여러 가지 방법을 고려한 후, 역시 학교에 보내는 것이 좋겠다는 판단을 내릴 수도 있습니다.

어느 쪽이든 부모가 판단을 내리기 전에 먼저 당사자인 아이의 마음에 귀를 기울여야 합니다.

반항기는 훌륭한 성장의 증표

아이가 반항적인 태도를 보이면, 지금까지 자신이 믿어왔던 가치관을 의심해보는 것도 중요합니다.

아이가 반항하면 일단 아이를 혼내려고 하는데, 어쩌면 부모 자신의 언동에도 원인이 있을지 모른다는 생각을 해보는 것입니다.

부모 스스로도 지금껏 '학교에 가야 한다'거나 '좋은 성적을 받아야 한다'는 생각으로 열심히 살아왔을지 모릅니다.

그런 생각을 자신의 아이에게도 '해야 한다' 혹은 '할 수 있다'는 식으로 강요한 것은 아닐까요?

아이에게 자신의 이상을 지나치게 강요하고 있진 않나요?

먼저, 자신의 가치관을 돌아보아야 합니다.

아이에게 자신의 가치관이나 이상을 강요했다는 것을 깨닫고 나면, 아이를 대하는 태도도 차츰 달라질 것입니다.

그리고 사춘기는 부모나 사회에 대한 반항을 통해 성장해가는 심리 발달 단계라는 것도 잊어서는 안 됩니다.

부모가 정한 길을 따라 사는 아이는, 실패할 확률은 적을지 몰라도 부모의 통제가 없으면 불안에 휩싸이기도 합니다.

적절하지 않은 예시일 수도 있지만, 어떤 의미에서는 교도소에서 막 출소한 사람이 혼자 힘으로 사회에 적응하지 못하고 결국 다시 범죄를 저질러 교도소로 돌아가는 것과 비슷합니다.

부모의 과도한 규율에 얽매여 지낸 시간이 길수록, 혼자 살아갈 자신을 잃게 되고 급기야 혼자서는 아무것도 하지 못한다고 믿어버리기도 합니다.

자녀가 사회에서 자립해 살아갈 수 있도록, 자신의 두 발로 우뚝 서서 걸을 수 있게 이끌어주는 것이야말로 육아의 가장 큰 목적입니다.

부모 마음대로 통제하려 하지 말고, 아이가 자신의 두 발로 우뚝 설 수 있게 지켜봐주세요.

닥터 사와의
한마디   반항기는 아이의 자립이 시작되는 시기입니다.

05

아이는
지켜봐주기를 바랍니다

정말 '나를 위해서'인 거야?

'애정'이라는 말의 이면

최근 일본에서는 '교육 학대'라는 말을 심심찮게 듣습니다.

교육 학대란 '아이가 참을 수 있는 한도 이상으로 공부를 시키는 것'으로, 부모나 교사 등이 아이에게 공부나 연습을 지나치게 강요하고 기대한 만큼의 결과가 나오지 않으면 엄하게 질책하는 것을 말합니다.

클리닉을 찾은 환자 중에도 부모의 과도한 압박 때문에 힘들어하는 아이가 많습니다.

대부분 자녀가 더 나은 인생을 살길 바라는 마음에, 교육에 지나치게 열의를 쏟다보니 생기는 문제입니다.

'아이를 위해서'라는 생각이 지나친 나머지 아이에게 부담감을 주게 되는 것입니다.

특히 요즘 같은 한 자녀 시대에는 아이에게 쏟는 열정과 기대 그리고 비용도 크게 늘었습니다.

그만큼 아이에 대한 부모의 압박도 강해져 2023년 일본의 사립·국립 중학교의 수험생 수와 수험률 모두 역대 최고를 기록했습니다.

전체 자녀 수는 줄었는데 중학교 입시를 준비하는 수험생의 수가 늘었다는 것은 그만큼 입시 경쟁이 과열되어 있다는 뜻입니다.

교육 학대가 의심되는 가정은 아이가 안심할 수 있는 장소라고 할 수 없으며, 아이의 심리 상태에도 큰 영향을 미칩니다.

아이가 힘들어하는데도 '아이를 위한' 일이라는 생각에 밀어붙이는 부모도 많습니다. 특히 학력이 높거나 사회적 지위가 높은 부모의 경우 '자신의 성공은 노력의 결과'라는 확신을 가진 사람들이 많기 때문에 자녀에게도 노력을 강요하는 것입니다.

하지만 그것은 어디까지나 부모가 생각하는 '아이를 위한'

일일 뿐이죠. 그런 가치관을 강요하는 것도 아이에게 스트레스를 줄 수 있습니다.

또 학력이 높은 부모일수록 '잘하는 게 당연하다'고 생각하기 때문에, 아이가 심한 부담감을 느끼는 경향이 있습니다.

부모가 만족할 만한 성적을 받지 못했다고 아이를 호되게 나무라거나 벌을 주는 것이 다름 아닌 학대입니다.

'아이의 장래를 위해서'라며 무리한 스케줄로 수험 공부를 강요하는 등의 과도한 교육 방침을 고수한 결과, 아이가 정신적인 문제를 겪는 사례도 있습니다.

그런 부모들은 대개 자신이 아이에게 심리적 학대를 가하고 있다는 자각이 없습니다.

오히려 아이를 위한 일이라고 생각하는 경우도 많습니다.

누구나 '독이 되는 부모'가 될 가능성이 있어요

소아정신과 의사의 입장에서 객관적인 관점으로 말하자면, 부모는 누구나 자녀에게 '독이 되는 부모'가 될 수 있는 요소를 가지고 있습니다.

육체적, 정신적으로 자녀를 학대하거나 방임하지 않더라도 과도한 참견이나 지배적인 간섭을 계속한다면 그런 부모 역시 '독이 되는 부모'라고 할 수 있습니다.

사실 '독이 되는 부모'라는 표현은 되도록 쓰고 싶지 않지만, 그런 요소가 전혀 없는 완벽한 부모도 없거니와 그런 완벽한 부모를 지향하는 것도 쉬운 일이 아니죠.

결국 '육아의 정석'이라거나 '바람직한 부모상' 같은 것을 지향할수록 부모도 힘들고 아이도 스트레스를 받습니다.

또 '아이를 위해서'라는 말이 곧 부모의 사랑을 의미하는 것도 아닙니다.

자녀에게 부모의 가치관을 강요하고 있지 않은지, 그로 인해 자녀가 힘들어하고 있지 않은지 구분할 수 있어야 합니다.

때로는 '자녀에 대한 부모의 지나친 기대'가 아이를 힘들게 할 수도 있다는 것을 알아야 합니다.

'부모의 기대'가 아이에게 부담이 될 수 있어요.

그게 진짜 내가 원하는 일이야?

부모도 누군가의 가치관에 휘둘릴 수 있어요

엄마의 머릿속은 대부분 아이에 대한 일들로 가득 차 있을 것입니다.

나이에 따라 다르겠지만, 아이의 발달 상태나 공부에 대해 유독 불안감을 느끼는 부모도 많습니다.

아이가 처음 두 발로 걸었을 때 그 성장하는 모습에 기쁨을 느끼듯 학습 능력이 늘면 부모가 기뻐하는 것이 당연합니다.

부모가 교육에 힘을 쏟으면 자녀의 기초 학력이 향상되거나 공부하는 습관을 기를 수 있을 것입니다. 하지만 아이에게 맞는 교육이나 격려가 아닌 경우, 그 열의는 때때로 잘못된 방향으로 흐르기도 합니다.

　제가 어릴 때는 성적이 좋아야 가치 있는 사람이 된다거나 학력이나 급여가 높은 사람일수록 가치가 높다는 생각을 가진 사람이 많았습니다.

　학력에 대한 신앙이 깊었던 엄마도 이런 시대 배경에 강한 영향을 받았을 테죠.

　다행인 것은, 아빠가 엄마와 다른 가치관을 가지고 있었던 것입니다.

　제가 학원에서 좋은 성적을 받으면, 엄마는 "정말 잘했어!"라며 크게 기뻐했습니다.

　반면에 아빠는 공부를 잘하는 게 다가 아니라면서, 생일이 빨라 학교에 일찍 들어갔기 때문에 '잘하는 게 당연하다'는 냉철한 반응이었습니다. 저는 그런 아빠의 반응이 어쩐지 다행스럽기도 했습니다.

　또 아빠는 의사가 되겠다는 내 목표에 대해서도 "네가 의사가 되고 싶으면 그렇게 해. 싫은데 억지로 의사가 될 필요는 없어"라고 말했습니다.

　만약 엄마, 아빠의 가치관이 비슷했다면 제게 품는 기대도 한층 커졌을 테고 그만큼 부담감도 심했을 것입니다. 엄마, 아빠의 가치관이 달랐던 것은 정말 다행스러운 일이었습니다.

부모의 가치관을 자녀에게 투영하지 마세요

주의해야 할 것은, 자기도 모르게 부모의 가치관을 닮아간다는 점입니다.

저도 처음에는 자녀에게 충분한 교육을 제공하는 것이 '좋은 육아'라고 믿었습니다.

큰딸이 어릴 때는 구몬 학습, 피아노 학원, 발레 교습소 등으로 한 주의 스케줄을 가득 채우기도 했습니다. 그러던 어느 날, 문득 깨달았습니다. 엄마가 내게 해줬던 방식 그대로 아이를 키우고 있다는 것을 말입니다.

스스로도 깨닫지 못한 상태로, 부모에게 물려받은 가치관을 내 아이에게 강요하려 했던 것입니다(물론 교육 방침은 다양하기 때문에 여러 학원을 보내는 것 자체를 부정할 생각은 없습니다).

그걸 깨달은 후 스스로의 행동을 되돌아보고 '아이에게 정말 중요한 것'이 무엇인지를 생각하게 되었습니다.

이 책을 읽고 있는 엄마들도 한 번쯤 자신에게 질문해보세요. 과연 내 가치관은 어디에서 비롯된 것인가요? 그 가치관으로 아이를 힘들게 하고 있진 않나요?

닥터 사와의 한마디 누군가의 가치관에 휘둘려 아이를 힘들게 하고 있는 것은 아닌가요?

내 기분을 좀 더 배려해줬으면

아이에 대한 '사랑'이 '지배'가 될 수 있어요

"다 널 위해서 하는 말이야."

혹시 아이를 위한다는 생각으로 자신의 가치관을 강요하고 있지 않나요?

예를 들면, 학원을 그만두고 싶다는 아이 때문에 고민하는 부모가 있습니다.

부모는 어떻게든 계속 다니게 하고 싶지만, 본인이 할 마음이 없으면 억지로 보내는 것도 쉽지 않습니다.

그럴 때는 아이가 앞날을 그려볼 수 있게 "이걸 꾸준히 하면 ○○에 좋을지 몰라"라거나 "나중에 ○○에 도움이 될 수도 있어"라는 식으로 계속했을 때 얻게 될 이점을 알려주면 좋습니다.

그런 후에는 아이 스스로 결정하게 하는 것이 좋다고 생각합니다. 어느 정도 정보를 주었다면, 나머지는 아이의 판단에 맡기는 것입니다.

실은 저도 큰딸이 발레 교습소에 다니기 싫다는 말을 꺼냈을 때, 쉽게 받아들이지 못했습니다. 딸이 춤추는 모습을 보는 게 정말 좋았기 때문입니다.

큰딸도 발레 자체는 무척 좋아해서 집에서도 춤을 출 정도였는데, 발달 특성이기도 한 감각 과민 반응 때문에 그때까지 잘 신던 발레 타이츠를 신지 못하게 된 것입니다.

발레는 하고 싶지만, 타이츠를 신지 않고 레슨에 갈 수는 없다는 것이었죠.

결국 선생님을 찾아가 '타이츠를 신지 않아도 된다'는 허락을 받았지만 큰딸은 "다들 신는데, 나 혼자만 타이츠를 신지 않고 레슨에 가긴 싫어!"라며 고집을 피웠습니다.

울고불고하는 큰딸을 억지로 레슨에 데려간 적도 있습니다.

그러던 어느 날, 싫다는 아이를 억지로 데려가는 것도 일종의 학대일지 모른다는 생각이 들었습니다.

발레를 하려면 레슨을 받아야 하고, 이왕 발레를 할 거면 좋은 선생님에게 잘 배웠으면 좋겠다는 생각에 아이를 억지로 교습소에 데려갔던 것이죠.

딸이 아닌 나 자신의 만족을 위한 행동이었다는 것을 깨달았습니다.

큰딸이 정말 발레를 좋아한다면, 집에서 유튜브를 보며 춤을 춰도 되고 직접 춤을 추지 않더라도 공연 등을 보며 발레를 즐기는 방법도 있습니다. 저는 큰딸에게 "가기 싫은데 억지로 데려가서 미안해"라고 진심으로 사과했습니다.

'이렇게 컸으면 좋겠다'는 부모의 기대를 자녀에게 강요하고, 아이가 그 기대에 부응하지 못하면 화를 내는 것 역시 부모의 가치관을 아이에게 강요하는 행동입니다.

자신은 아이를 사랑하는 마음에서 한 행동이라고 생각할지 모르지만 '사랑'이 아닌 '지배'로 느껴질 수 있습니다.

자신의 가치관을 아이에게 강요하고 있는 것은 아닌지 한번 생각해보세요.

닥터 사와의 한마디 지배적인 태도로 아이를 대하고 있지 않은지, 스스로 돌아보는 습관을 가져보세요.

엄마 아빠의 꿈을
강요하지 말아줘

부모의 꿈은 아이의 꿈이 아니에요

자녀에게 지나치게 간섭하는 부모 중에는 아이에게 자신의 꿈이나 이상을 투영하는 사례도 있습니다.

명문대에 가길 바라거나 안정적인 대기업에 취직하기를 바라는 것처럼 말입니다.

"아빠가 의사니까, 아이도 의사가 되었으면 좋겠다"는 등의 이야기도 자주 듣는데, 우리 집도 마찬가지였습니다. 정확히는 아빠가 아닌 엄마의 강한 희망이었죠.

'아이들을 의사로 키우고 싶다'는 엄마의 강한 의지 때문에 오빠와 언니는 물론 저도 초등학교 때부터 누구 못지않게 열심히 공부했습니다.

엄마의 남다른 교육열 때문에 집에서는 공부만 했습니다.

제가 요리에 흥미를 보여도 "넌 공부만 하면 돼"라며 주방 근처에도 오지 못하게 했죠. 엄마의 심기를 건드리지 않으려면 열심히 공부하는 수밖에 없었습니다.

초등학교 1학년 때부터 진학 학원에 다녔던 저는 4학년 때 학원에서 주관하는 전국 시험에서 1등을 하고, 성적도 크게 올라 엄마에게 큰 기쁨을 주었습니다.

당연히 엄마는 제게 큰 기대를 품었습니다. 그리고 그때부터 힘든 나날이 시작되었습니다.

당시에는 초등학교 5학년이 되면 공부 잘하는 아이들이 중학교 입시를 대비해 일제히 입시학원에 등록했습니다. 그리고 그와 동시에 제 성적도 눈에 띄게 떨어지기 시작했습니다.

그때까지 제가 좋은 성적을 받을 수 있었던 것은 단순히 학원생의 모수가 적었기 때문이지 실제 학력이 그 정도로 높은 건 아니었던 것입니다.

하지만 그 사실을 받아들이지 못했던 저는 (창피한 이야기이지만) 학원 시험에서 커닝을 하기도 했습니다. 성적이 떨어지면 엄마가 실망할 거란 생각에 커닝을 해서라도 성적을 유지하고 싶었던 것입니다.

평소 엄마가 크게 화를 내거나, 매를 들진 않았지만 눈에 띄게 언짢은 표정으로 "좀 더 열심히 하지 그랬어"라는 말을 듣는 것이 어린 나로서는 너무도 견디기 힘들었습니다.

간신히 1지망 중학교에 입학했지만 당시 저는 '겨우 살았다…'는 심정이었습니다.

그렇게 입학한 중·고등학교 성적은 내내 바닥을 맴돌았습니다.

겉으로 보기엔 친구도 많고 즐겁게 지내는 듯 보였지만 마음 한편으로는 세상에서 사라져버리고 싶다는 생각을 한 적도 많았습니다.

바닥을 기는 성적 때문에 막연히 '왜 살아야 하지'라거나 '난 살 가치도 없어'라는 생각에 빠지기도 했습니다.

고등학교 3학년 때는 의대에 지원할 만한 성적도 아니었기 때문에 이공학부나 간호학부에 가려고 했지만, 엄마가 맹렬히 반대했습니다.

목표는 국립대 의과대학이었지만 결국 1년 재수 끝에 사립대 의과대학에 진학했습니다.

엄마는 가족에 대한 사랑이 깊고 부부 사이도 좋아서 집안 분위기 자체는 나쁘지 않았습니다. 단지 자녀 교육에 관해서만큼은 열의가 대단했던 것이죠.

거기에는 본인의 콤플렉스도 영향을 미쳤으리라 생각합니다.

약사였던 엄마는 학력이 부족해 의사 대신 약사의 길을 택한 것을 후회했습니다. "엄만 너희가 엄마처럼 후회하길 바라지 않아"라는 말도 자주 했습니다.

또 친척 중에 의사가 많았던 것도 엄마의 교육열을 자극했던 것 같습니다.

하지만 엄마의 꿈이 곧 아이의 꿈은 아닙니다.

엄마는 의사가 되지 못한 것을 후회했을지 모르지만, 엄마와 나는 다른 사람입니다.

부모는 부모, 아이는 아이입니다. 부모가 바라는 것을, 아이는 바라지 않을 수 있습니다. 부모가 꿈꾸던 인생을 아이에게 기대하는 것은 아이에게 커다란 부담이 될 수 있습니다.

'더 잘 할 수 있어'라는 속박

어릴 때 엄마에게 "더 잘할 수 있어"라거나 "조금만 더 힘내"라는 말을 들을 때마다 "잘하지 못하는 자신이 한심하게" 느껴졌습니다.

어른이 된 후 상담을 받으면서(정신과 의사도 상담을 받는 경우가 있습니다) 당시 엄마가 무슨 말을 해주길 바랐는지 생각해본 적이 있습니다. 제가 듣고 싶었던 말은 "공부 못하면 어때, 괜찮아"였습니다.

지금도 중학교 입시에 대비해 초등학교 때부터 공부에 열을 올리는 가정이 있을 것입니다.

물론 본인이 원해서 열심히 공부하는 아이를 부정할 생각은 전혀 없습니다.

저 역시 그런 시절이 있었기에 지금의 내가 있다고 생각합니다. 지금도 정신과 의사가 되길 참 잘했다고 생각하고요.

다만 자녀에게 부모의 꿈이나 이상을 무리하게 강요하고 있는 것은 아닌지 한번 돌아보세요.

무엇보다 아이에게 공부를 잘하든 못하든 너의 존재 가치는 달라지지 않는다는 메시지를 꼭 전해주었으면 합니다.

닥터 사와의 한마디   **부모의 '희망'을 아이에게 걸지 마세요.**

왜 내 이야기를 들어주지 않아?

아이의 캔버스를 부모의 색으로 칠하지 마세요

간섭이 심한 부모 중에는 아이가 그림을 그릴 때도 "여기는 이 색을 칠하는 게 좋지 않아?"라거나 "이렇게 하면 훨씬 더 바다처럼 보이지 않을까?"라는 식으로 일일이 참견하는 사람도 있습니다.

부모가 보기에 아무리 서툰 그림일지라도 직접 그리지 않으면 납득할 수 없습니다.

아이에게는 아이만의 감각이나 세계가 있습니다.

아이의 캔버스를 부모의 색으로 칠하지 마세요.

저도 인생의 전반부를 부모에게 끌려다녔기 때문에 딸들의 캔버스를 나의 가치관으로 칠하고 싶지 않았습니다. 아이의 인생은 아이가 판단하고 결정하는 것입니다.

학대는 남의 일이 아니에요

간섭이 심해지다 보면, 부모 스스로도 깨닫지 못하는 사이에 교육 학대 수준으로까지 치닫는 경우가 있습니다.

환자들 중에는 심리적 학대에 가까울 정도의 엄격한 훈육이나 지나친 간섭에 시달리다 "부모에게서 도망치지 않으면 자신이 망가질 것 같다"거나 "부모를 죽이고 나도 죽고 싶다"라고까지 할 정도로 부모를 원망하는 사람도 있습니다.

한밤중에 잠든 부모를 칼로 찌르려다 단념한 적도 있다며 오열하던 남성이 있었습니다. 그는 "부모를 죽여야만 자신이 살 것 같았다"고 말했습니다.

2018년에는 "의대에 들어가 반드시 의사가 되어야 한다"며 심한 교육 학대를 받던 한 여성이 엄마를 살해한 사건(시가의 과대학생 모친 살해사건)도 있었습니다.

성실하고 공부도 잘했던 이 여성이 의대에 가기 위해 9년이나 재수를 했다는 이야기를 듣고, 부모의 비정상적인 학력 신앙과 집착심을 엿볼 수 있었습니다.

성적이 조금이라도 떨어지면 칼로 협박하고, 뜨거운 물을 끼었고, 쇠몽둥이로 때리는 등의 폭행을 서슴지 않았으며 도망치면 경찰에 수색원을 내 다시 집으로 돌려보내지는 등 심각한 교육 학대를 받았다고 합니다.

교육 학대의 안타까운 말로라고 할 수 있는 사건입니다만, 정신과 의사인 제가 보기에 이 사건의 엄마와 딸 모두 도움이 필요한 사람들이었습니다. 치료는 가해자나 피해자를 따지지 않습니다. 더욱이 이러한 사건은 지금 이 사회를 살아가는 누구나 겪을 수 있는 일입니다.

아이는 부모의 소유물이 아닙니다.

부모는 자신의 가치관을 자녀에게 강요하고 있지 않은지, 자녀에게 과도한 기대를 걸고 있는 것은 아닌지, 그로 인해 자녀가 고통받고 있지 않은지를 늘 돌아보아야 합니다.

닥터 사와의
한마디
　　　　아이는 부모의 소유물이 아닙니다.

엄마 말대로 하면 실패하지 않아?

아이의 인생은 아이 스스로 선택하는 것

한 사립 초등학교 입학시험에 사활을 거는 엄마들의 모습을 본 적이 있습니다.

거기에는 '돈을 이렇게 쓰고도 합격하지 못한 건 다 내 탓'이라며 눈물을 흘리는 엄마도 있었습니다. 엄마가 공부를 제대로 시키지 못한 탓이라면서 말이죠.

그 광경을 본 저는 인생의 주역이 뒤바뀐 것 같다는 생각이 들었습니다.

아이에게는 아이의 인생이 있는데, 부모가 아이의 자율성을 빼앗는 것입니다.

부모가 아이의 자율성을 빼앗으면, 아이는 자신의 인생을 스스로 생각하고 선택할 수 없게 됩니다.

일전에 만난 한 엄마는 자신이 경제력이 없어 남편에게 말한마디 제대로 못 한다면서 자기 딸만큼은 고소득이 보장된 직업, 가능하면 의사가 되었으면 좋겠다고 했습니다.

당시 아이는 아직 유치원생이었습니다.

여성의 경제적 자립은 인생을 살아가는 데 있어 중요한 일이지만, 엄마의 가치관을 어린 자녀에게 강요하는 것은 위험합니다.

부모가 원하는 직업을 갖게 되었다고 해서 인생이 순조롭게 풀릴 거라고는 장담할 수 없습니다.

의사가 되고 나서도 고생하는 사람이 있는가 하면, 아예 그만두는 사람도 있습니다. 실제로 의대 재학 중 스스로 목숨을 끊는 학생도 있었습니다.

스스로 생각하고 선택한 인생을 산다는 자각이 없으면 어떤 직종에 종사하든 정신적으로 피폐해질 우려가 있습니다.

중요한 것은, 아이 스스로 자신의 인생을 선택하는 것입니다.

내가 선택한 나의 인생을 살아야 해요

저도 어릴 때는 "엄마가 시키는 대로만 하면 틀림없어"라는 말을 들으며 컸습니다.

스스로도 그렇게 믿었고, 그런 말을 들으면 안심이 되기도 했습니다.

어떻게 해야 할지 일일이 고민할 필요도 없고, 실패하면 부모를 탓할 수도 있었죠.

하지만 대학생이 되자 "나는 여태 엄마가 선택한 인생을 살아왔구나" 하는 생각이 들었습니다.

나만의 인생을 살지 않았다는 것을 깨달은 것입니다.

어른이 된 후에도 가끔씩 '난 뭘 위해 사는 거지'라거나 '나 같은 건 세상에 없어도 되지 않을까' 같은 생각에 괴로웠던 적이 있습니다.

그 후로도 엄마의 간섭은 계속되었습니다. 특히 나와 언니의 직업 선택부터 사는 장소, 교제 상대, 결혼 상대에 이르기까지 모든 것을 파악하려 들고, 사사건건 참견했습니다.

그런 제가 처음으로 부모에게 반항한 것은 35세가 넘은 후였습니다.

부모의 맹렬한 반대를 무릅쓰고 근무하던 병원을 나와 클리닉을 개업한 것입니다.

부끄럽지만, 그게 제 인생 최초로 부모에게 반항한 경험이었습니다. 그때까지 저는 무슨 일이든 "네"라고 대답하는 '착한 아이'였습니다.

부모가 정해준 대로만 살면 언제까지고 자신이 주도하는 인생을 살 수 없습니다. 또 실패하면 부모를 탓하게 되죠.

자신이 결정한 일은 결과가 어떻든 전적으로 자신의 책임입니다.

독립에는 큰 각오가 필요했지만 그 후로 저는 마침내 내가 선택한 인생을 살고 있다는 자각을 갖게 되었습니다.

아이가 어릴 때는 부모가 어느 정도 길잡이 역할을 해줄 필요가 있습니다.

아이가 먹고 입을 것을 마련해주어야 하고 아이 스스로 학교나 학원 등을 선택하는 것도 도와주어야 할 것입니다.

어느 정도 성장할 때까지 부모가 아이를 이끌어주면 아이는 안정감을 얻습니다.

하지만 조금씩 아이의 자립심을 키워주는 것도 잊지 말아야 합니다.

스스로 자신의 인생을 주도해나가는 자립심이 인생을 살아가는 데 꼭 필요한 자신감을 키워줄 것입니다.

스스로 생각하고, 선택하고, 도전하는 것. 그런 경험이 쌓여 자신에 대한 신뢰감을 키우고 '스스로를 통제할 수 있다'는 안정감으로 이어지는 것입니다.

닥터 사와의
한마디   아이를 놓아주는 용기가 필요해요.

오늘은 엄마 기분이 좋을까?

공부를 잘해야만 사랑받나요?

부모와의 관계로 고민하는 대다수 아이들이 부모의 눈치를 살핍니다.

저도 마찬가지였습니다.

생일이 빠른 저는 유치원에서도 같은 반 아이들보다 성장이 빨라, 재롱잔치 때 주인공을 맡는 등 눈에 띄는 존재였습니다.

지금 돌이켜보면 당시에는 엄마, 아빠가 기뻐하는 모습이나 담임 선생님의 칭찬을 의식했던 것 같습니다.

어린 시절의 저는 늘 엄마의 눈치를 살피고, 공부 잘하는 '착한 아이 캐릭터'를 연기하면서 부모의 평가를 신경 썼습니다.

밝은 성격에 친구도 많았지만 앞에서도 말했듯 마음 한편으로는 힘들었던 기억도 많습니다.

공부를 못하면 엄마가 바라는 딸이 될 수 없고 실망만 안겨 줄 것이라고 생각했기 때문입니다.

실제로는 그렇지 않았지만, 당시에는 정말 그렇게 생각했습니다.

저는 어른이 된 후에도 부모의 눈치를 살폈습니다.

재수를 해서 간신히 의대에 들어가고, 의사 국가시험에 합격했을 때는 제일 먼저 엄마의 얼굴이 떠올랐습니다.

기쁘기도 했지만, 이제야 엄마의 눈치를 보지 않아도 된다는 생각에 안도했습니다.

수련의 2년 차 때, 국립 의대 출신의 남자친구와 결혼을 결심한 것도 돌이켜보면 '국립 의과대학 진학'이라는 나와 엄마의 이루지 못한 꿈이 영향을 미쳤다고 생각합니다.

그 후, 남편과는 결국 헤어졌습니다.

여러 원인이 있겠지만, 나와 엄마의 상호의존적 관계가 커다란 원인이었다는 것을 깨닫고 반성했습니다.

저는 의사가 된 후에도 끊임없이 엄마의 기대에 부응하기 위해 노력했던 것입니다.

제가 마침내 부모가 깔아놓은 선로를 벗어났다고 느낀 것은 앞서 이야기한 것처럼 부모의 맹렬한 반대를 무릅쓰고 클리닉을 개업했을 때였습니다.

반대하는 부모 앞에서 눈물을 흘리며 제 감정을 털어놓은 것이 제 인생 최초의 반항이었던 것입니다. 그리고 그 일은 제 인생을 바꾸는 중요한 전기가 되었습니다.

당시에는 엄마뿐 아니라 아빠도 크게 반대했지만 "이런 상황에서 무슨 일을 한다고 그래. 어떻게든 애를 달래서 학교에 보낼 생각을 해야지"라는 부모의 말을 따를 수는 없었습니다.

부모가 아닌 아이가 바라는 인생

부모와의 관계로 힘든 때도 있었지만 결과적으로 의사가 될 수 있었고, 지금은 정신과 의사를 천직이라고 여기고 있습니다.

힘들었던 어린 시절, 부모와의 갈등, 출산과 이혼, 아이의 등교 거부와 발달 장애 등 모든 경험이 정신과 의사로서의 내 일에 많은 도움이 되었다고 느끼기 때문입니다.

특히 큰딸의 등교 거부는 많은 것을 생각하고, 깨닫게 해준 계기가 되었습니다.

뭐든 잘하고, 눈에 띄는 존재였던 저와 달리 큰딸은 유치원

재롱잔치 무대에도 서지 못했습니다.

아이들이 다 같이 춤을 출 때도 큰딸은 당혹스런 표정으로 무대에 우뚝 서 있었습니다.

그 모습을 보고 처음에는 '왜 우리 애만 못하는 거지…'라는 생각에 가슴이 아팠습니다.

그런데 그런 제 옆에서 "엄마, 나 잘했지?"라며 기쁜 얼굴로 묻는 둘째를 보고 과거 엄마의 눈치를 살피던 제 모습이 떠올랐습니다.

냉정을 되찾고 생각해보니 큰딸에게는 엄마인 제게 잘 보이려거나 칭찬받으려는 욕구가 없다는 것을 깨달았습니다. 다시 말해, 착한 아이가 되어야만 부모의 사랑을 받을 수 있다는 생각이 없었던 것입니다.

부모가 자신의 모든 것을 이해하고 받아줄 것이라고 믿는다는 말이니 어쩌면 제가 바라던 육아에 성공한 것일지도 모른다는 생각이 들었습니다.

그날의 깨달음은 제게 큰 도움이 되었습니다.

그런 경험 덕분에 저는 학력 중시와 같은 육아 방식이 아닌 아이를 있는 그대로 사랑하기로 마음먹었습니다.

그래도 가끔 제 아이가 다른 아이들처럼 하지 못하면 불쑥 불쑥 '왜 우리 애만 못하지?'라는 생각에 한밤중에 혼자 울기도 했습니다. 다만, 그때마다 정신과 의사로서의 일면도 고개를 드는 것인지 지금까지 제가 가지고 살아온 가치관의 밑바닥에 무엇이 있는지를 철저히 들여다보았습니다.

'여자니까 피아노는 배워야 해.'

'남들보다 잘하는 게 당연하지.'

'학교는 꼭 보내야 해.'

'중학교 때부터 준비해야 더 나은 삶을 살 수 있어'

등등.

그리고 그런 가치관을 가진 자신을 탓하는 것이 아니라 '내가 이렇게 열심히 살았구나. 이젠 너무 애쓰지 않아도 돼. 지금 내 모습 그대로 살아도 괜찮아'라고 자기 자신에게 되뇌는 훈련을 했습니다.

하루, 이틀 그렇게 했다는 말이 아닙니다. 1년이고 2년이고 계속 반복했습니다.

그랬더니 큰딸이 학교에 가지 않아도, 하루 종일 게임만 하며 지내는 날에도 딸들의 존재를 소중히 여길 수 있게 되었습니다.

그렇게 생각이 바뀌자 자연히 나 자신도 좋아할 수 있게 되었습니다.

아이의 인생은 누구의 것인가요? 아이 스스로 주도해가는 인생이어야 합니다.

엄마 아빠의 반응이
계속 신경 쓰여

부모 자식 간에도 적당한 거리가 필요해요

클리닉을 개업한 지 3년이 흐른 지금, 부모님과의 관계도 많이 좋아져서 가끔 엄마가 아이를 대신 봐주는 등 육아에 도움을 받고 있습니다.

정말 감사한 일이지만 한편으로는, 엄마와의 거리가 너무 가까워지지 않도록 의식하고 있습니다.

엄마는 가족에 대한 사랑이 깊은 만큼 걱정도 많은 성격이라 적당한 거리를 두는 편이 서로 편하게 지낼 수 있기 때문입니다.

정도의 차이는 있겠지만, 부모의 언동 때문에 정신적으로 스트레스를 받는다면 아무리 부모라 해도 만나지 않거나 연락하지 않는 선택을 해도 된다고 생각합니다.

부모에게 그러면 안 된다는 사람도 많지만, 지금껏 힘들게 살아온 사람이라면 더더욱 자신을 최우선으로 생각해야 합니다.

'해야 한다'는 가치관에 얽매이지 말고, 부모와의 관계성을 객관적으로 바라보고 자신이 편하게 느낄 수 있는 부모와의 거리감을 찾는 것이 중요합니다.

부모와의 갈등을 경험한 사람은 '부모가 날 이렇게 키웠다'며 부모에게 책임을 추궁하기 쉽습니다.

물론 '그렇게 컸으니 이렇게 생각하는 것도 무리는 아니다'라는 식으로 자신의 감정을 정리하고 이해할 수도 있겠지만 부모에 대한 원망만으로 인생을 소모하는 것은 좋은 방법이 아닙니다.

부모 역시 자신의 부모에게서 영향을 받으며 자랐을 테니 책임 소재를 묻는 것도 의미가 없고, 시대적 배경도 크게 영향을 미쳤을 것입니다.

누가 옳고 그른지를 따지는 게 아니라 자신이라는 한 인간의 심리를 분석하기 위해 부모 자식 간의 관계를 냉정히 돌아보았다면 이제 '자, 그럼 나는 앞으로 어떻게 살 것인가'를 생각해보는 것이 좋습니다.

　부모의 평가에 대한 이야기로 돌아가면, 기본적으로 아이는 부모의 기대를 받으면 기뻐하고 칭찬을 받으면 뿌듯해합니다.
　그렇기 때문에 아이가 부모의 눈치를 살피는 것 자체는 꼭 나쁜 것만은 아니라고 생각합니다. 하지만 아이가 늘 부모의 평가만 신경 쓰는 것 같다면, 조금 주의할 필요가 있습니다.
　저도 부모로서 아이에 대한 애정이 잘못된 방향으로 가고 있지 않은지, 아이를 통제하려고 하는 건 아닌지 종종 자신을 돌아보고 경계하고 있습니다.

닥터 사와의
한마디
　가끔은 아이에 대한 애정이 잘못된 방향으로 가고 있지 않은지 자신을 돌아보세요.

06

아이는
인정받고 싶습니다

마음대로 기대하고
실망하지 않았으면

때로는 '칭찬'이 상하 관계로 느껴질 수도 있어요

"이렇게 좋은 점수를 받다니, 정말 잘했어. 다음에도 열심히 해."

저는 어린 시절 엄마에게 이런 말을 들으며 자랐습니다.

엄마에게 칭찬을 받으면 뛸 듯이 기뻤고, 쉽게 우쭐하는 성격이라 '나 혹시 천잰가?' 하는 생각을 하던 때도 있었습니다.

하지만 그것도 오래 가지 않았습니다.

성적이 떨어지자 엄마는 "다음엔 더 열심히 해, 잘하는 애가 왜 그래"라고 했지만 생각처럼 성적이 오르지 않자 스스로가 한심하게 느껴지고 부담감도 심해졌습니다.

　부모는 칭찬이나 기대감으로 아이를 통제하기도 합니다.
　사실 의도적으로 자신의 아이를 통제하려는 어른은 없을 것입니다.
　자녀의 성장에 도움이 될 거란 생각으로 한 행동이 결과적으로 아이에 대한 통제가 되어버리고 마는 것입니다.

　옳고 그름을 판단할 수 있도록 잘한 행동을 칭찬함으로써 긍정적인 행동을 강화하는 것도 중요하지만 아이가 어느 정도 성장해 옳고 그름을 판단할 수 있게 된 후에는 '칭찬'에도 주의가 필요합니다.
　부모가 무의식적으로 한 말이나 칭찬에도 아이는 심적인 부담을 느끼는 경우가 있습니다.
　아이가 부모의 기대에 부응하면 칭찬하고, 부응하지 못하면 칭찬하지 않는 것은 부모가 '칭찬'하는 행위로 아이를 통제하는 것입니다.

　칭찬하는 행위는 윗사람이 아랫사람을 평가한다는 측면이 있습니다.

아이 스스로도 부모의 칭찬을 의식하게 되면서 자신이 '하고 싶은' 마음보다는 '부모에게 칭찬받고 싶은' 마음이 우선순위가 되어버릴지 모릅니다.

그래도 부모는 아이가 잘한 일이 있으면 "잘했어, 정말 열심히 했구나" 하는 칭찬이 먼저 나오기 마련입니다.

그럴 때는 아이를 칭찬하기보다 감탄을 표현하는 방법이 있습니다.

아이가 한 일에 대해 윗사람의 입장에서 평가하는 것이 아니라 대등한 입장에서 "훌륭해"라거나 "잘됐다" 또는 "멋지게 해냈구나"와 같이 감탄하는 것입니다.

400미터 장애물 경주 선수였던 다메스에 다이(爲末大)의 엄마는 아들이 대회에서 좋은 성적을 냈을 때 늘 칭찬보다는 감탄했다고 합니다.

다메스에 선수가 엄마에 대해 이야기한 내용이 무척 흥미로워, 그의 블로그(note)에서 읽은 내용을 짧게나마 이곳에 소개하려고 합니다.

'중학교 시절, 전국 대회에서 우승하고 집에 왔더니 엄마는 잘했다는 칭찬이 아니라 "넌 어쩜 그런 걸 다 그렇게 잘하니,

정말 대단해!"라는 반응이었습니다. 칭찬하거나 나무라는 것이 아니라 한 사람의 인간으로서 순수하게 감탄하던 엄마의 모습이 기억에 남습니다.'

'감탄하는 엄마 밑에서 자라면서 좋았던 점이라면, 어떤 결단을 내리든 엄마를 신경 써 본 적이 단 한 번도 없었다는 것입니다.'

'한 번도 엄마의 칭찬을 받으려고 애쓴 적이 없습니다. 그냥 내가 열심히 하고 싶어서 노력했던 것입니다.'

- 다메스에 다이(Dai Tamesue)의 블로그
'감탄한다는 것, 2015년 3월 6일' 중에서

누군가에게 감탄한다는 것에는 존경의 의미가 담겨 있습니다.

상대가 아이일지라도 훌륭한 부분은 솔직히 감탄을 표하고 존중하는 것이죠.

부모와 자녀 간에도 이런 태도가 중요하다고 생각합니다.

닥터 사와의 한마디 상하 관계가 아닌 대등한 입장에서 감정을 표현하세요.

엄마 아빠의 기대가 부담스러워

기대보다는 응원하는 마음가짐

교육열이 높은 부모는 종종 아이에게 "기대할게" 같은 말을 할 때가 있는데, 이런 기대도 은연중에 아이를 속박하는 경우가 있습니다.

부모가 아이에게 기대하는 것이 뭐가 문제냐고 생각할 수도 있습니다. 아무런 기대도 없는 것보다는 기대를 받는 편이 좋다고 생각하는 사람도 있을 것입니다.

하지만 기대라는 것은 부응하지 못했을 경우, 상대에게 실망을 주기도 합니다.

아이에게 부모의 기대에 부응하지 못한다는 것은 '부모에게 사랑받지 못한다'는 불안감으로 이어질 수 있습니다.

그런 이유로 저는 '기대'보다는 '응원'하는 마음가짐이 필요하다고 생각합니다.

'기대한다'는 말에는 말하는 사람이 그리는 이상이나 희망이 담겨 있고, 그것을 상대에게 강요하는 감정이 담기기도 합니다.

그 이상이나 희망이 이루어지지 않으면 '배신감' 또는 '실망감'을 안겨주는 것입니다.

부모 마음대로 기대하고, 실망하는 모습을 보는 아이의 심정은 어떨까요?

한편 "응원한다"라는 말은 듣는 사람이 주인공입니다.

그 사람을 곁에서 지켜보고, 지지한다는 느낌을 주죠.

그래서 저도 아이들에게 "기대할게"라는 말 대신 "항상 응원할게"라고 합니다.

클리닉을 찾은 아이나 학생들이 시험이나 취업 활동을 한다고 할 때도 "선생님도 응원할게"라는 말로 배웅합니다.

전에 유튜브에서 이런 이야기를 했더니 "아이를 혼내지 말고 칭찬하지 말고 기대도 하지 말라니, 그럼 부모는 아무것도 하지 말란 건가요?"라고 묻는 사람이 있었습니다.

아무것도 하지 않아도 엄마가 그저 곁에서 웃어주는 것, 그것이 아이에게는 가장 큰 응원입니다.

그렇게 부모와 자녀가 상하 관계가 아닌 인간 대 인간으로 서로 존중하는 관계성을 쌓아나가는 것이 중요합니다.

부모의 기대를 이용해 아이를 통제하려고 하지 마세요.

잘하는 게 없는 나도
살아갈 가치가 있을까?

인간의 '가치'란 무엇일까요

성적이 좋으면 칭찬받고 떨어지면 야단맞는 일이 계속되면 타인의 평가나 가치관에 휘둘리기 쉽고, 있는 그대로의 자신을 긍정할 수 없게 됩니다.

벽에 부딪칠 때마다 '역시 난 안 돼'라며 자신감을 잃고 말죠.

아직 사회생활도 해본 적 없는 아이가 '내가 살아갈 가치가 있을까' 같은 고민을 한다면 다양한 도전과 실패를 경험하며 배우고 성장할 수 없습니다.

아이에게 '공부를 잘하든 못하든, 네 존재 가치는 달라지지 않는다'는 사실을 알려주어야 합니다.

공부를 잘해야만 '가치'가 있다거나 남들에 비해 뛰어나다고 해서 '가치'가 있는 것이 아니라 아이의 존재 자체가 가치 있다는 것을 인정하고 알려주는 것이 아이가 인생을 살아가는 데 있어 가장 중요한 일입니다.

한번은 '토할 것 같다' 혹은 '토하면 어떡하지'라는 불안감 때문에 급식을 먹지 못하게 된 중학생 남자아이와 아이 엄마가 클리닉을 찾아왔습니다.

아이는 실제로 토한 적이 없지만 자신이 토하는 것 특히 사람들 앞에서 토하는 것을 극도로 두려워했습니다.

구토 공포증이라고 하는 불안증의 하나입니다.

학교에서 농구부 활동을 하던 아이가 급식을 먹지 못하게 되면서 체중이 줄자 당황한 엄마가 클리닉에 데려온 것입니다.

아이를 진찰하던 중, 아이를 대하는 엄마의 태도가 눈에 들어왔습니다.

원래부터 불안이 심했다는 엄마는 틈만 나면 아이 걱정에 "괜찮았니? 급식은 먹었어? 얼마나 먹었는데?"라며 질문 공세를 퍼부었다고 합니다.

또 아이가 잘 못하는 부분만 눈에 들어와, 학교 준비물이며 숙제까지 일일이 확인해야만 직성이 풀린다고 했습니다.

엄마가 늘 불안한 얼굴로 이것저것 질문 공세를 퍼부으면 아이는 없던 불안도 생기게 마련입니다.

예를 들어, 쉬는 시간에 혼자 조용히 있고 싶어 하는 아이에게 엄마가 "쉬는 시간에 친구들이랑 잘 놀고 있지? 누가 따돌리거나 그런 건 아니지? 누구랑 놀아? 그 친구는 착하니? 때리거나 괴롭히는 건 아니지?" 같은 질문을 퍼부으면 아이는 어떤 기분일까요?

엄마는 아이가 친구와 사이좋게 지내고 있는 것인지 불안했던 것입니다.

상담 과정에서 제가 체력적으로나 정신적으로 많이 힘들어 보이는 아이에게 잠시 농구부 활동을 쉬어볼 것을 제안하자, 아이보다 엄마가 더 불안한 표정을 보였습니다.

지금까지 농구에 쏟은 노력과 열정이 있는데 그만두면 아이에게 남는 게 뭐가 있을 것이며, 그만두면 선수 자리도 뺏길 테고, 한 번 쉬면 다시 돌아가기 힘들 것이라는 등의 불안이 밀려온 것입니다. 그러면서 제게 "그럼 우리 애는 이제 뭘 의지해 살아야 하나요?"라고 묻는 것이었습니다.

농구를 잘하기 때문에 아이에게 가치가 있는 것이 아닙니다.

농구 이외에도 얼마든지 잘 할 수 있는 게 있을 텐데 아이의 엄마는 아이가 농구를 못하게 될까봐 불안했던 것입니다.

평생 농구를 그만두라고 말한 것이 아닙니다.

단지 지금은 몸과 마음이 지쳐있는 상황이니 잠시 거리를 두고 쉬어보라는 의미였습니다.

때로는 거리를 두고, 냉정하게 상황을 바라보는 것도 중요합니다. '급할수록 돌아가라'는 말은 정신 질환 회복에 큰 위력을 발휘하기도 합니다.

정신 질환을 겪는 자신을 쓸모없는 존재라고 느끼거나 하루빨리 병을 고치고 싶고, 벗어나고 싶어 조바심 내기보다는 '일단 천천히 쉬면서 생각해보자'라는 마음가짐으로 상황을 받아들이는 편이 더 빨리 회복되기도 합니다.

부모가 조급해하면 아이의 회복이 더딜 수 있어요

여러 이유로 학교에 갈 수 없게 되는 경우가 있습니다.

부모가 하루라도 더 빨리 학교에 보내려고 조바심치는 가정보다 '살다 보면 이런 일도 있고, 저런 일도 있는 거지, 뭐. 언제든 다시 가고 싶을 때 가면 돼'라며 의연하게 대처하는 부모의 자녀가 더 일찍 학교로 돌아가는 사례를 여럿 보았습니다.

부모가 조급해할수록 아이의 회복이 더딘 경우도 있습니다.

앞서 이야기한 아이의 엄마와도 시간이 허락할 때마다 대화를 나누며 마음속의 불안을 언어화하는 시간을 가졌습니다.

그러자 아이의 엄마가 품었던 불안한 감정도 서서히 누그러지고, 아이도 점차 밥을 먹을 수 있을 정도로 회복되었습니다.

중요한 것은 아이의 존재 자체를 인정하는 것입니다.

뭔가를 잘하거나 열심히 하기 때문에 가치가 있다거나 착한 아이라서 가치가 있는 것이 아니라 존재 자체만으로 가치가 있다는 것을 인정하고 받아들이는 것입니다.

닥터 사와의 한마디 아이가 살아가는 데 가장 중요한 것은, 존재 자체를 인정받는 것입니다.

엄마가 바라는 아이가
되지 못해 미안해

자녀의 성장을 바라는 마음이 부담될 수도 있어요

큰딸이 태어난 직후, 한동안 미국에서 지낸 적이 있었는데 그때 자주 들었던 말이 있습니다.

부모가 아이들에게 자주 건네던 'I'm proud of you'라는 말입니다. 저도 무척 좋아하는 표현 중 하나입니다.

미국에서는 유치원이나 학교의 작은 발표회 등에서도 "I'm so proud of you!"라며 기쁜 얼굴로 아이를 안아주는 부모의 모습을 자주 보았습니다.

직역하면 '네가 자랑스러워'라는 뜻이라 처음에는 '상당히 거창하네'라는 생각도 했지만 미국에서는 '훌륭해!'라거나 '엄마도 정말 기뻐!' 정도의 느낌으로 빈번히 사용됩니다(상대가 아이가 아닌 경우에도 사용합니다).

결과와 관계없이 상대의 노력을 인정하고 그 사람의 존재 자체가 가치 있다는 말이라고 느꼈습니다.

하지만 저를 비롯한 다른 사람들은 좀처럼 이런 말을 하지 않습니다.

당연히 내 아이의 존재가 소중하지만, 그런 걸 굳이 말로 표현하지 않아도 알 거라고 생각하는 부모도 많습니다.

하지만 아이는 그런 당연한 말도 부모에게서 직접 들으면 기뻐하고, 안심하며, 살아갈 힘을 얻습니다.

이와 같은 제 이야기를 듣고 한 엄마가 용기를 내 아이들에게 "엄만 너희가 가장 소중해"라고 말했다고 합니다.

그러자 아이들은 "정말? 진짜예요?" 하고 깜짝 놀라며 굉장히 기뻐했다고 합니다.

아이의 엄마는 "굳이 말하지 않아도 당연히 알고 있을 것이라 생각했는데, 이렇게 기뻐할 줄은 몰랐어요!"라며 놀라워했습니다.

아이의 존재 자체를 긍정하고 그저 곁에 있어 주는 것만으로도 행복하다는 사실을 전해주세요.

부모에게 그런 말을 들으면, 아이는 자신이 소중한 존재라는 것을 긍정할 수 있게 됩니다.

저도 매일 아이들에게 "엄마에겐 너희가 제일 소중해"라거나 "너희들의 엄마가 될 수 있었던 건 정말 행운이야"라고 이야기합니다.

아이들은 그런 제가 귀찮다는 듯이 "알아요, 알죠"라며 무심히 넘기지만 얼굴에는 기쁜 빛이 가득합니다.

물론 갑자기 자녀에게 그런 말을 하는 게 쑥스러워서 좀처럼 입을 떼기 어렵다는 사람도 있을지 모릅니다. 하지만 용기를 내어 시도해본다면 결과는 기대 이상일 것입니다.

자기만의 표현이라도 좋으니 자녀에게 'I'm proud of you(네가 자랑스러워)'와 같은 마음을 꼭 전했으면 합니다.

얼굴을 마주 보고 말하기가 어색하다면, 다른 방법도 있습니다.

한 엄마는 고등학교에 다니는 자녀에게 '엄마는 네가 있어서 정말 행복해'라는 내용의 편지를 썼다고 합니다. 아이는 쾅

장히 쑥스러워하면서도 기뻐했다고 합니다.

아이가 잘하거나 열심히 한 일에 대해 '잘했어' 또는 '열심히 했구나'라고 칭찬하는 것이 아니라 평범한 일상 속에서 아이의 존재 자체가 얼마나 멋지고 감사한 일인지를 알려주세요.

닥터 사와의
한마디

'엄마는 네가 자랑스러워'라는 메시지를 전해보세요.

학교에 가지 않으면 쓸모없는 사람일까?

학교에 가든 가지 않든 가치는 달라지지 않아요

제가 운영하는 클리닉에는 등교를 거부하는 아이와 부모들이 많이 찾아옵니다.

일본의 경우, 전국적으로 등교를 거부하는 초·중학생들이 점점 늘어나 2022년도에는 약 30만 명으로 최다 기록을 경신했습니다.

등교를 거부하는 자녀를 데려온 대다수 부모는 왜 아이가 학교에 가지 않는지, 어떻게 하면 학교에 보낼 수 있을지를 고민합니다.

그런데 학교에 보내기만 하면 문제가 해결될까요?

저마다 사정이 다르기 때문에, 정답도 한 가지일 수 없습니다. 저는 등교 거부아가 처음 진료실에 왔을 때 우선 "학교에 가든 가지 않든, 네 가치는 달라지지 않는단다"라고 이야기합니다.

학교에 가야 인간으로서 가치가 있고, 가지 않는다고 가치가 없는 게 아니라는 것, 학교에 가든 가지 않든 네 가치는 달라지지 않는다는 것을 아이 본인은 물론 부모도 이해하길 바라는 마음에서입니다.

저도 이런 생각을 갖게 되기까지 많은 갈등과 고뇌를 겪었습니다.

큰딸은 초등학교에 입학한 4월부터 두 달 정도는 별문제 없이 학교에 다녔습니다.

그런데 7월 무렵부터 학교에 가기 싫어했습니다. 학교 갈 시간만 되면 가기 싫다고 떼를 쓰고 아프다고 했습니다.

그래도 저는 엄마와 함께 어떻게든 아이를 달래며 학교에 보냈습니다.

2학년이 된 후로는 학교에 가는 날보다 결석하는 날이 더 많아졌습니다.

그런 상태가 1년에서 2년 정도 계속되다 3학년 중반부터는 아예 등교 거부 상태가 되었습니다.

솔직히 학교에 가다 말다 하던 시기에는 내심 '금방 다시 갈 거야'라거나 '내일이라도 학교에 가준다면' 같은 기대가 있었습니다.

싱글 맘인 제가 아이를 키우면서 일하려면 보육원이나 학교에 보내는 수밖에 없었습니다. 초등학교 저학년 딸을 혼자 집에 둘 수도 없는 노릇이었습니다(지금은 엄마가 집에 와서 아이를 봐주는 등 여러모로 도움을 받고 있습니다).

실은 저도 여느 엄마와 마찬가지로 '학교에 가는 게 당연하다'는 인식을 가지고 있었습니다.

큰딸이 낯선 장소나 사람에 대한 불안이 매우 심하고, 집단 생활에 잘 적응하지 못한다는 것은 유치원 때부터 알고 있었습니다.

초등학교라도 무사히 다니면 기적이라고 생각했었는데 입학 후 두 달 남짓 잘 다니는 것을 보고 '이대로만 잘 다녀준다면' 하는 실낱같은 기대를 품었던 것입니다.

또 지금은 학교 이외에도 등교 거부아를 위한 여러 단체가 있다는 것을 알고 있지만 당시에는 잘 몰랐기 때문에 '학교에 가지 않아도 괜찮다'는 생각을 쉽게 하지 못했던 것도 사실입니다.

저 역시 다른 부모들과 마찬가지로 '왜 우리 애만 학교에 못 갈까'라는 생각으로 상심에 빠진 나날을 보내야 했습니다.

학교에 가지 못해 가장 힘든 것은 아이 본인이에요

큰딸에게 "왜 학교에 못 갈 것 같아?"라고 물어본 적도 있었는데 그저 "무서워"라고만 할 뿐 누가 무서운지, 뭐가 무서운지 같은 구체적인 이야기는 하지 않았습니다. 저는 역시 낯선 환경에 막연한 공포를 느끼는 것이라고 생각했습니다.

큰딸이 매우 힘들어했기 때문에 그 이상은 묻지 않았지만, 이런 상황에 답답함을 느끼는 부모도 많을 것입니다.

심지어 전날 저녁에는 "내일은 갈게요"라고 하던 아이가 아침이 되면 "못 갈 것 같아요"라고 말하기도 합니다.

아침만 되면 표정이 어두워지고 배가 아프다거나 기분이 안 좋다며 현관 앞에서 머뭇거리다 결국 "못 가겠어요"라고 하는 것이죠. 그런 아이와 "어제는 간다고 그랬잖니"라거나 "거짓말이었어?"라는 식으로 말다툼을 하는 것도 흔한 일입니다.

그러고 보니 한번은 "우리 애가 아무렇지도 않게 거짓말을 해요"라며 낙담한 얼굴로 아이를 클리닉에 데려온 한 엄마가 있었습니다.

아이가 거짓말을 한다는 것은, 아직 어리기 때문에 이야기를 제대로 전달하지 못해서인 경우도 종종 있습니다.

초등학생 정도의 아이라면, 아이 나름의 이유가 있는 거짓말인 경우도 적지 않습니다. 부모에게 야단맞는 게 무서워 거짓말을 했다는 아이도 있습니다.

단순히 앞뒤가 맞지 않는다거나 이해가 안 된다는 등의 이유로 "거짓말하면 안 돼"라며 아이를 나무라지 마세요.

큰딸이 전날 밤에는 "내일은 갈게요"라고 하고선 다음 날 아침 "역시 못 가겠어요"라고 하면 저도 출근을 못 하기 때문에 짜증이 치밀 때가 있었습니다.

그렇다고 학교에 가지 않는 아이들이 모두 거짓말을 하는 것은 아닙니다. 전날까지는 진짜 가려고 했지만 아침이 되니 도저히 못 갈 것 같은 기분이 드는 것은 누구에게나 일어날 수 있는 일입니다.

어느 날 아침, 그날도 학교에 가지 않은 큰딸이 금방이라도 울음을 터트릴 것 같은 얼굴로 "엄마, 화났어?"라고 묻는 것을 보고 가슴이 덜컥 내려앉았습니다.

지금 가장 힘든 것은 이 아이일 텐데, 출근이 늦어진다는 이유 때문에 언짢은 태도로 아이를 몰아세운 것이 미안해 눈물이 멈추지 않았습니다.

아이의 등교 거부 문제를 대면하는 것은 정신과 의사인 제게도 무척 힘든 시간이었습니다.

이럴 때는 어떻게 해야 하는지 제게 해결책을 묻는 사람들도 많은데 '이렇게 하면 학교에 갈 수 있다' 같은 특효약은 없습니다.

다만 단언할 수 있는 것은 부모도 힘들겠지만 누구보다 힘든 시간을 보내고 있는 것은 아이 본인이라는 것입니다.

사람은 앞일을 예측할 수 없는 상황에 불안을 느끼기 때문에, 원인이나 해결책을 찾아 문제를 해결해주고 싶은 부모의 마음도 충분히 이해합니다.

하지만 등교 거부는 그렇게 단순한 문제가 아닙니다. 게다가 등교 거부의 원인 역시 한 가지가 아닌 여러 가지일 수 있습니다.

낯선 사람이나 환경에 대한 긴장도가 심하거나 집단생활에 적응하지 못하는 등의 기질이 관련된 경우도 많습니다.

큰딸의 경우, 학교에 가지 않게 된 이후 발달 장애 진단을 받았는데 발달 장애의 특성을 포함해 기질은 사람에 따라 다릅니다.

원인이 분명치 않고, 해결책을 찾지 못했더라도 아이의 불안에 공감하고 안정감을 주는 것이 가장 우선시되어야 한다는 것을 잊지 마세요.

닥터 사와의 한마디 등교 거부에도 다양한 원인과 상황 그리고 도달하고자 하는 목표가 다릅니다.

노력하지 않는다고
미워하지 않았으면

'노력'의 의미

자녀의 등교 거부 때문에 고민하는 부모는 이렇게 말하기도 합니다.

"학교에 가려는 노력이라도 해주면 좋겠어요."

어떤 심정일지 잘 압니다.

이대로 학교에 가지 않으면 아이의 앞날이 어떻게 될지 막막한 기분이 드는 것도 충분히 이해합니다.

다만, 학교에 갈 수 없는 아이 앞에서 이런 말을 하면 아이는 자신을 '노력도 하지 못하는' 인간이라고 인식합니다.

그러지 않아도 등교 거부 아이 중에는 아무것도 하지 못하는 자신에 대한 무력감이나 부모에 대한 미안한 감정을 느끼는 경우가 많은데, 부모에게 '노력도 하지 않는다'는 말까지 들으면 아이는 점점 의지할 데가 없어집니다.

또 부모 눈에는 노력하지 않는 것처럼 보일지 몰라도 아이도 나름대로 노력하고 있을지 모릅니다.

한 예로, 제 딸도 일반적인 관점에서 보면 노력하지 않는 것처럼 보이겠지만 발달 특성이 있는 아이에게는 소위 '평범'하게 사는 것이 그렇지 않은 사람들보다 더 힘들고 어려울 때가 있습니다.

그렇기 때문에 살아있는 것만으로도 충분히 노력하고 있다고 생각합니다.

세상에는 다양한 사람이 있습니다. 각자 '평범'의 기준이 다르고 '노력'의 의미도 다를 것입니다. '모두 다 다르고, 다 괜찮다'고 생각하면 어떨까요.

조건 없는 애정을 주세요

부모라면 누구나 자녀의 성장하는 모습에 기쁨을 느낄 것입니다. 가능하면 자녀가 열심히 노력하고, 성장하길 바라는 마음도 이해합니다.

하지만 앞서 말했듯, 부모의 기대에 부응하기 위해 노력하는 것은 위험합니다.

부모의 기대에 부응하면 "열심히 했구나!"라며 칭찬받지만, 기대에 미치지 못하면 "조금만 더 노력하면 돼"라거나 "다음엔 더 잘할 거지?"라며 더 많은 노력을 요구합니다.

계속 그런 말을 듣다 보면 아이는 죄책감이나 부담감에 짓눌리게 될 것입니다.

아이가 노력해도 안 되는 일에 대해 나무라지 말고 "너무 애쓰지 않아도 돼"라거나 "괜찮아, 결과가 어떻든 넌 소중한 존재야"라고 말해준다면, 아이의 마음은 훨씬 가벼워질 것입니다.

저는 아이가 하고 싶어 하는 일은 얼마든지 열심히 해도 된다고 생각합니다.

열심히 하는 것 자체를 부정할 생각도 없고, 아이 스스로 하고 싶어 하는 일이 있다면 응원하고 싶습니다.

다만, 아이에게는 "정말 열심히 했구나, 대단해! 하지만 너무 애쓰지 않아도 괜찮아. 넌 이미 충분히 소중하고 사랑스러운 존재란다"라는 메시지를 끊임없이 전달하고자 합니다.

열심히 노력했기 때문에 부모의 사랑을 받는 것이 아니라 아이의 존재 자체가 소중하다는 것을 아이에게 충분히 전해 주세요.

진료실에서도 "학교에 가든 가지 않든, 네 가치는 달라지지 않아. 학교에 가지 않아도 넌 충분히 가치 있는 사람이란다"라 고 말해주면 조용히 눈물을 흘리는 부모와 아이가 많습니다. '아이도 힘들겠지만 부모도 참 많이 힘들었겠구나' 하는 생각 이 새삼 드는 순간입니다.

등교 거부 문제는 아이뿐 아니라 부모에 대한 지원도 중요 합니다. 혼자 속앓이하며 이유를 찾으려고 애쓰는 엄마가 있 다면, 이렇게 말해주고 싶습니다.

"그동안 정말 고생 많았어요, 많이 힘들고 속상했을 거라는 걸 알아. 당신의 육아 방식이 틀린 게 아니에요. 당신의 잘 못은 더더욱 아니고요. 모르는 건 모르는 대로 내버려두어도 괜찮아요. 엄마도 자신의 감정을 터놓고 이야기할 수 있는 시 간이 필요하다는 걸 잊지 마세요."

닥터 사와의 한마디 '열심히 하든 하지 않든, 네 가치는 달라지지 않는다'라고 진심을 담아 전해주세요.

뭐든 다 아는 것처럼
말하지 않았으면

'아이의 인생의 답'은 아이 안에 있어요

당신은 '자기 자녀에 대한 모든 걸 알고 있다'고 생각하나요?

종종 이렇게 말하는 엄마도 있습니다.

"내 아이에 관한 것이라면, 모르는 게 없어요."
"나만큼 우리 아이를 이해하는 사람은 없어요."

그렇게 생각할 만큼 아이와 마주하며 육아에 힘써왔다는 것
은 굉장히 훌륭한 일이라고 생각하지만, 한편으로는 아이에

대한 모든 걸 파악하고 있기 때문에 자신이 모르는 아이의 일면 같은 건 없다고 생각하는 사고방식 역시 위험합니다.

육아는 정답을 알 수 없는 것 투성이이기 때문입니다.

아이의 언동 하나하나에 이유를 찾고 이해하고자 하는 것이 때로는 중요한 일일 수 있지만, 왜 그런 언동을 했는지 이해하지 못하는 경우가 있다는 것을 아는 것도 중요합니다.

엄마와 아이는 서로 다른 인격을 지닌 인간입니다.

아이보다 더 오랜 세월을 함께한 배우자도 다 이해하지 못하는 것처럼, 아이의 모든 것을 이해하는 것은 불가능합니다.

자기 아이에 대해 모든 걸 안다고 생각하는 엄마는 아이가 이해할 수 없는 행동을 하면 불안해집니다.

모르는 것은 모르는 채로 내버려두는 것도 좋습니다. 모든 걸 파악하려고 애쓰지 마세요.

'모른다 ⇨ 불안 ⇨ 패닉 ⇨ 어떻게든 해야 해!'가 아니라

모른다 ⇨ 내가 몰랐던 것을 아이를 통해 경험하고 있구나

⇨ 고마워

육아에는 이런 시점이 중요합니다.

때때로 그 불안은 등교 거부나 부모가 볼 때 문제 행동일 수

있는 온갖 예기치 못한 상황으로 번지기도 합니다.

하지만 예기치 못한 온갖 일들이 일어나는 것이 육아입니다.

부모와 아이는 서로 다른 인격을 지닌 인간이므로, 그 다름을 불안하게 생각지 말고 새로운 체험이나 새로운 가치관의 발견으로 여기고 즐기는 관점을 가져보는 것도 좋습니다.

모르는 것을 불안해하지 마세요

부모 중에는 '내 아이에 대해 전혀 모르겠다'며 필요 이상으로 불안해하는 사람도 있습니다.

진료실을 찾은 엄마 중에도 아이에 대해 잘 모르는 자신을 탓하는 사람이 있었습니다.

하지만 앞서 말했듯이 등교 거부의 이유 한 가지도 분명히 알 수 없는 경우가 많습니다. 한 가지 이유가 아닌 경우도 많고, 아이 스스로 그 이유를 모를 때도 있습니다.

무엇보다 아이를 지나치게 추궁하지 마세요.

부모는 '아이에 대해 모른다'는 것을 너무 불안하게 느낄 필요가 없습니다.

육아에 충실한 부모일수록 고민이 깊을 수 있는데, 등교 거부만 해도 부모가 자신을 탓한다고 해결할 수 있는 문제가 아닙니다.

부모가 늘 심각한 얼굴로 시름에 잠겨 있으면, 아이는 점점 더 힘들어질 수 있습니다.

소아정신과나 심리 상담 센터 등의 도움을 받거나 등교 거부아를 지원하는 시설을 찾아가 보는 방법도 있으니 일단은 아이를 믿고 지켜보는 것입니다.

물론, 부모도 사람이기 때문에 불안감이 전혀 없을 수는 없습니다.

하지만 자신의 가치관이 전적으로 옳다고 믿지 말고 '왜 이런 감정이 드는 걸까?'라거나 '아이 때문에 불안한 거라면, 그건 과연 나의 어떤 가치관과 사고방식에서 비롯된 것일까?'와 같은 관점에서 생각해보았으면 합니다.

저도 처음에는 딸의 등교 거부를 쉽게 받아들이지 못했습니다.

'왜 우리 애만 이럴까?' 하는 불안감에 짓눌려 헤어 나오지 못하던 시기도 있었습니다.

엄마가 되어서 아이가 학교에 가지 않는 이유를 모른다는 게 부끄럽고 창피했습니다. 엄마 자격이 없는 건 아닐까, 남들이 내가 아이를 제대로 키우지 못했다고 생각하면 어쩌지, 싱글 맘이라 그렇다고 생각하는 건 아닐까 같은 마음도 있었습니다.

지금 돌이켜보면, 아무 잘못도 없는 딸을 두고 그런 생각을 했던 게 미안할 따름입니다.

때로는 '정신과 의사라면서 아이 하나 학교에 못 보내서 절절매는 건가'라고 생각할까봐 불안했던 적도 있습니다.

하지만 아무리 정신과 의사라도 사람의 마음을 전부 꿰뚫어볼 수는 없습니다.

지금도 '등교 거부의 원인은 이거다!' 하는 100% 확실한 답을 찾지는 못했습니다.

찾지 못해도 괜찮습니다. 답을 찾는 것보다 중요한 것이 있다는 것을 깨달았기 때문입니다.

때로는 모르는 것은 모르는 채로 내버려두고, 모른다는 것을 너무 불안해하지 말고, 답을 찾으려고 너무 몰두하지 않는 것이 육아에 필요한 요령일 수 있습니다.

아이의 인생의 답은 아이 안에 있고, 그 답은 아이 스스로 찾아내는 것입니다.

부모는 그런 아이를 곁에서 지켜보고 의지가 되어주는 존재라는 것을 잊지 마세요.

곁에서 지켜보고 의지가 되어 주어야 할 존재가 문제의 원인을 찾겠다고 혈안이 되어 있으면 아이는 어떻게 느낄까요?

닥터 사와의
한마디   **답을 찾으려고 너무 애쓰지 마세요.**

내 인생의 '정답'을
정하지 말아줘

등교 거부아도 사회에서 자신의 자리를 찾아요

요즘과 같은 '저출산' 시대에도 등교 거부아는 매년 늘고 있습니다. 등교 거부는 질병이나 사고 또는 경제적 이유를 제외한 이유로, 연간 30일 이상 학교에 나오지 않는 것을 가리킵니다.

앞서 말했듯이 제가 운영하는 클리닉에도 '학교에 가지 않는 아이' 때문에 고민하는 엄마들이 많이 찾아옵니다.

'학교에 가는 게 당연하다'는 인식을 가진 부모로서는 그런 아이가 불안할 수밖에 없습니다.

저도 등교 거부아인 큰딸을 키우면서 장래에 대한 불안이 전혀 없었다고 하면 거짓말일 것입니다. 냉정히 생각하면, 학교에 다니는 아이와 비교했을 때 사회에서 자립하지 못할 가능성도 있습니다.

하지만 어느 날 갑자기 등교를 거부하는 것이 아닙니다.

어떤 아이든 처음에는 학교에 가다 말다 하는 날들이 이어지다 반년 내지 1년 정도에 걸쳐 등교 거부아가 되는 사례가 많습니다.

그리고 실제로는 등교 거부아 전원이 학교에 가지 않고 집에만 있는 것도 아닙니다.

일본 문부과학성 조사에 따르면, 중학생 무렵 등교 거부아였던 학생의 약 80%가 20세 시점에는 진학 또는 취업을 하고 있습니다(문부과학성에 의한 2006년도 등교 거부아에 관한 추적 조사보고서 〈등교 거부에 관한 실태 조사〉 중).

대다수 등교 거부아들이 사회에서 자신의 자리를 찾은 것입니다.

그렇다면 등교 거부아인 자녀를 위해 부모가 할 수 있는 일은 무엇일까요?

학교에 가지 않는다고 해서 지나치게 불안해하지 말고 먼저, 아이의 마음에 공감해주는 것입니다.

'정답'은 아이 스스로 찾아야 해요

게다가 요즘은 제가 어릴 땐 없었던 등교 거부아들을 위한 다양한 선택지도 있습니다.

클리닉에 오는 부모들을 통해 알게 되는 정보도 많습니다. 한번은 등교 거부아였던 아이가 e스포츠 전문 고교에 진학하게 되었다는 부모의 이야기를 듣고 요즘은 그런 선택지도 있다는 생각에 괜히 가슴이 뛰기도 했습니다.

프로게이머나 프로그래머 또는 게임 해설가 등 e스포츠 산업의 인재를 양성하는 전문학교로, 게임을 좋아하는 아이와 아빠 모두 흥미를 갖고 함께 학교를 견학했다고 합니다.

이처럼 과거에는 없던 새로운 선택지를 부모와 아이가 긍정적인 태도로 함께 검토해보는 것 자체만으로도 장래에 대한 막연한 불안감을 안고 있는 아이에게 커다란 안정감을 줄 것입니다.

저는 큰딸이 등교를 거부하게 되었을 때 '학교에 대해', '직업에 대해', '교육에 대해', '육아에 대해', '엄마란 존재에 대해' 다양한 시점에서 자문자답하는 시간을 보냈습니다.

또 자신의 가치관을 돌아보며, 각각의 관점에 대해 다시 생각하고 곰곰이 따져 보았습니다(앞에서도 이야기한 '자기 자신에게 되뇌는 훈련'입니다).

그렇게 저는 아이를 자신의 가치관에 끼워 맞추는 것이 아니라 딸이 가진 감성을 중시하면서 자신만의 가치관을 키워가길 바라게 되었습니다. 딸의 새하얀 캔버스를 자기만의 색으로 칠해가며 살길 바라게 된 것입니다.

그리고 '이 아이가 웃으며 살아갈 수 있다면 그것으로 충분하다'는 결론에 이르자 마음이 편해졌습니다.

물론 지금도 저는 학교에 다니며 얻을 수 있는 경험과 이점이 많다고 생각합니다.

큰딸은 온라인 스쿨에서 공부하고 있는데, 또래 아이들과 직접 만나 교류할 기회가 없기 때문에 그것이 향후 어떤 영향을 미칠지 조금 불안한 것도 사실입니다.

다만, 무슨 이유에서인지 조바심이 나진 않았습니다.

오늘도 큰딸은 학교에 가지 않았지만, 저와 딸들은 매일 웃는 얼굴로 즐겁게 지내고 있습니다.

아이가 잘하지 못하는 부분도 인정하고 받아들이는 것.

잘하면 가치가 있고 못하면 가치가 없다고 단정하지 않는 것.

그런 자세가 우리의 정신 건강을 위해 가장 필요하다는 것을 나 자신은 물론 내원하는 부모와 아이를 통해서도 절실히 느끼고 있습니다.

인생의 '정답'은 아무도 모릅니다.

앞서 이야기한, 등교 거부아에서 진학과 취업에 성공한 80%에 포함되지 않는 아이도 있고, 제 딸만 해도 앞으로 어떻게 성장할지 부모인 저도 예상할 수 없습니다.

하지만 학교에 가는 게 고통스러웠던 큰딸에게는 지금의 선택이 '정답'이라고 생각합니다.

앞으로도 함께 '정답'이라고 생각할 수 있는 인생을 살았으면 하고 바랄 뿐입니다.

저 역시 인생의 정답은 아직 모릅니다.

하지만 몰라도 괜찮다고 생각합니다.

세상을 떠나기 전 인생을 돌이켜보며 '참 좋은 인생이었어'라고 느낄 수 있다면, 그게 정답이 아닐까요.

닥터 사와의
한마디

인생의 '정답'은 아무도 모릅니다. 자신이 '선택한 길'을 정답으로 만들어 가면 됩니다.

엄마가 곁에서
웃고만 있어도 행복해

부모의 가장 큰 역할

클리닉을 찾은 한 남아의 엄마는 가사와 육아에 충실한 그
야말로 노력파였습니다. 스스로도 잘하는 편이라고 믿었지
만, 늘 뭔가가 불안했다고 합니다.

전업주부이기 때문에 '가사나 육아를 제대로 못하면 나는
가치가 없어…'라는 생각을 가지고 있었습니다.

하지만 잘하든 못하든 아이는 엄마가 곁에 있어주는 것만으
로도 안심합니다.

반드시 좋은 엄마가 되어야 한다는 생각 같은 건 하지 않아
도 됩니다.

진료실에서 수많은 부모와 아이를 만나다보면, 부모로서 아이를 위해 헌신하는 것이 당연하다고 여기는 엄마가 많다는 것을 실감합니다.

'엄마니까, 잘해야 해'라거나 '엄마니까, 어떻게든 해줘야 해'라며 초조한 모습을 보이기도 합니다.

저는 그런 엄마들에게 이렇게 말합니다.

"그렇게 애쓰지 않아도 돼요. 그저 곁에서 웃어주기만 해도 아이는 안심할 거예요."

어떤 엄마는 두 시간 가까이 공들인 요리를 해줬는데 가족들이 아무도 좋아해주지 않자 '난 대체 뭘 위해 사는 걸까…' 싶은 생각에 서글펐다고 합니다.

그 마음도 충분히 이해합니다. 모처럼 정성껏 요리를 했는데 아무도 인정해주지 않으니 서글픈 마음이 들 법도 하죠.

하지만 '좋은 엄마'를 의식해, 시간에 쫓기며 정신적인 여유를 잃거나 가족들의 반응이 마음에 들지 않아 서운한 감정을 품고 지내는 것보다, 간단한 요리라도 가족이 함께 둘러앉아 즐겁게 먹는 편이 아이에게 더 큰 안도감을 줄 것입니다.

간단한 반찬이나 햄버거 등을 사 와서 "가끔은 이런 것도 괜찮지?" 하고 웃으며 식사를 즐기는 것도 좋죠.

영양이 풍부하고 균형 잡힌 식사를 준비하고, 바람직한 교육을 위해 애쓰는 '좋은 엄마'는 아이도 그만큼 잘 크길 바라는 마음에 엄격해지기 쉽습니다.

'좋은 엄마가 되지 못하면 어쩌지'라는 불안감에 미간을 잔뜩 찌푸리고 있는 엄마와 기분 좋은 콧노래를 부르며 무리하지 않고 적당히 집안일을 하는 엄마, 어느 가정이 아이가 안심할 수 있는 장소일까요?

아이의 문제는 아이만의 문제가 아니에요

만약 아이에게 문제가 있어 고민하고 있다면, 아이의 이야기를 잘 들어주는 것도 필요하지만 부모 자신이 바뀌는 것도 중요합니다.

아이를 억지로 클리닉에 데려온 한 엄마는, 자신에게는 아무 문제가 없다고 말했습니다.

진료실에서 이야기를 나누는 동안, 그 엄마가 그토록 굳게 믿고 있던 '좋은 엄마가 되어야 한다'는 신념이 조금씩 누그러졌습니다.

그러자 엄마 자신의 불안감도 줄고, 아이를 대하는 태도도 달라졌습니다.

엄마가 정신적으로 안정을 되찾자 아이에게 나타났던 문제도 서서히 좋아졌습니다.

　아이의 문제는 아이만의 문제가 아닙니다. 부모가 안심하면 아이도 달라집니다. 부모의 생각이나 아이를 대하는 태도가 바뀌면 매사가 좋은 쪽으로 바뀌는 경우도 많습니다.

닥터 사와의
한마디　　　　무조건 '좋은 엄마'가 되려고 너무 애쓰지 마세요.

매일매일 해야 할 일이
너무 많아서 힘들어

아이가 클수록 더 많은 것을 바라는 엄마

가만히 보면, 부모야말로 제멋대로인 경향이 있습니다.

아이가 태어나기 전에는 '건강하게만 태어나주면 더 바랄 게 없다'고 하더니, 아이가 무사히 태어나 자라는 동안에는 건강한 것만으로 만족하지 못하고 아이에게 이것저것 요구합니다.

예의 바르게 행동해라, 방을 깨끗이 치워라, 공부를 열심히 해라, 친구와 사이좋게 지내라, 피아노 연습해라….

'더 잘할 수 있을 것'이라는 부모의 바람이, 공부든 운동이든 일상생활에서까지 아이에게 점점 더 많은 것을 요구하게 합니다.

부모로서 자녀의 성장을 바라는 것은 당연한 일입니다.

다만, 그런 바람이 지나쳐 어느새 아이를 무겁게 짓누르는 것입니다.

다시 한번 떠올려보세요.

내 아이로 태어나줘서 얼마나 고맙고 기뻤는지를.

그저 무사히 엄마 품에 안겨 준 것만으로도 감사했던 그 마음을 말입니다.

가끔이라도 그 마음을 떠올린다면, 조금은 긴장을 내려놓고 아이의 존재 자체를 사랑하고 감사히 여길 수 있게 될 것입니다.

'태어나줘서 고마워'

교육 학대라 해도 과언이 아닐 정도로 엄격한 가정에서 자라, 오랫동안 자해 행위를 반복해온 20대 여성이 처음 진료실에 왔을 때의 일입니다.

제가 "그런 힘든 상황에서도, 이만큼 열심히 살아왔군요. 오늘 이곳에 와줘서 고마워요"라고 하자 그녀는 "선생님을 만나서, 지금까지 살아온 암흑 같은 내 인생에 한 줄기 빛이 보인 것 같아요"라며 눈물을 흘렸습니다.

자신의 존재를 인정해주는 사람을 만나 빛이 드리운 것 같은 느낌을 받은 것이죠.

정신과 의사가 되길 잘했다는 생각이 드는 동시에 부모가 아이의 존재 자체를 인정해주는 것이 얼마나 중요한 일인지 새삼 느꼈습니다.

만약 가정에서 충족되기 어렵다면 아이가 안심할 수 있는 장소, 그 사람의 존재 자체를 인정하고 받아들여 줄 수 있는 장소로서 클리닉을 이용해보는 것도 좋습니다.

닥터 사와의
한마디

아이가 태어났을 때 느낀 기쁨을 떠올려보세요.

엄마는 인생이 즐거워?

'인생이 얼마나 멋진지' 알려주세요

부모가 할 수 있는 가장 중요한 일이 있다면, 아이에게 '인생이 얼마나 멋진지' 알려주는 것이라고 생각합니다.

저는 엄마에게 "좋은 대학에 가야 사람들이 무시하지 않아"라거나 "공부 안 하면 인생을 망친다" 같은 말을 들으며 자랐습니다.

어린 저는 엄마의 말을 듣고 세상 사람들 모두가 그렇게 생각하는 줄 알았습니다. 그리고 인생은 참 힘든 거구나, 그렇다면 어른이 되고 싶지 않다는 생각까지 했습니다.

하지만 어른이 된 지금의 저는 이렇게 생각합니다.

엄마는 그렇게 말했지만, 이 세상에는 사랑과 온기가 넘쳐나고 인생은 멋진 것이라는 것, 그리고 그걸 내게 가르쳐준 사람 역시 엄마였다고 말입니다.

엄마, 아빠는 가족에 대한 사랑이 깊은 분들이었습니다.

교육에 관해서는 엄격한 엄마였지만, 그 바탕에는 가족에 대한 깊은 사랑이 있었습니다. 성적이나 점수 이외에는 무슨 이야기든 함께 나눌 수 있는 가족이었습니다.

저도 인생의 고비는 있었지만, 특별히 모난 구석 없이 솔직하고 호감 가는 성격으로 성장할 수 있었던 것은 분명 부모님 덕분이라고 생각합니다.

공부를 안 한다고 인생을 망치는 것도 아니고, 학교에 가지 않는다고 인생이 끝나는 것도 아닙니다.

어릴 때는 다양한 것을 경험하고 실패하며 성장해나가는 것입니다.

세상에 존재하는 것만으로도 충분히 가치가 있습니다.

엄마가 그걸 아이에게 꼭 알려주었으면 합니다.

아이의 존재 자체가 그 무엇보다 소중하다는 것, 이 세상은 사랑과 온기로 넘친다는 것, 인생은 멋진 것이라는 것을 아이들에게 꼭 알려주세요.

그리고 엄마가 곁에 있는 것만으로도 아이는 안심한다는 것을 결코 잊지 마세요.

닥터 사와의
한마디
엄마가 곁에서 웃어주는 것이야말로 세상에서 아이에게 해줄 수 있는 가장 값진 일입니다.

먼저, 여기까지 읽어주셔서 감사합니다.

사실 저는 글쓰기에 소질이 없어서 책 같은 건 평생 쓸 일이 없을 것이라 생각했습니다. 그런데 역시 인생은 알 수 없는 것이더군요.

평소 존경하던 지인의 출판 기념 파티에서 문득 '나도 책을 쓰고 싶다'는 생각이 들었던 것입니다.

하고 싶은 일은 해야 직성이 풀리는 무모한 성격이라 어떻게 하면 책을 쓸 수 있을지 궁리하던 중 좋은 인연이 닿아 책을 낼 기회를 얻었습니다.

유튜브와 인스타그램 등의 SNS를 통해 '발달 장애'에 대해 알리는 활동을 하고 있기 때문에 당연히 '발달 장애'에 관한 책을 쓸 것이라고 생각한 분들도 있을지 모릅니다.

그런 제가 '발달 장애'가 아닌 '부모 자식 간의 관계' 그중에서도 '엄마와 아이의 관계'를 주제로 책을 쓰게 된 것은, 저 역시 그로 인해 힘든 시간을 보내며 세상에서 사라져버리고 싶다고까지 생각한 과거가 있었기 때문입니다.

그런 시기를 버텨내고 40세를 맞은 지금, 비로소 내가 주도하는 나만의 인생을 살고 있다는 실감이 듭니다.

지금의 제가 있을 수 있는 것은, 이제까지 만난 모든 분들 덕분입니다.

'산다는 것'에 대한 막연한 의문을 품기 시작한 것은 초등학교 고학년 무렵이었던 것으로 기억합니다.

아직도 그 의문에 대한 답을 찾지 못했지만, 이제는 답을 몰라도 괜찮다고 생각합니다.

답을 모른다고 조바심치지 않게 되었습니다. 사는 데 이유 같은 건 없어도 된다는 쪽에 가까울지 모릅니다.

제가 운영하는 클리닉에는 하루하루 사는 게 힘들고 지친 환자들이 찾아옵니다.

세상에는 저보다 뛰어난 정신과 의사들이 얼마든지 있습니다. 그런데도 '왜 환자들이 나를 선택해, 오랫동안 찾아와주는 걸까' 하는 의문이 들었던 적이 있습니다. 어쩌면 저의 지극히 인간적이고, 완벽하지 않은 부분에 편안함을 느꼈기 때문일지도 모릅니다.

정확한 진료가 중요한 것도 사실이지만, 옳은 말도 버겁게 느껴질 때가 있게 마련입니다. '인간인 이상 늘 바르게 살 수만은 없다'라는 생각을 가진 제가 위로가 되는 부분도 있으리라 생각합니다.

이런 의사를 어떻게 믿고 의지하겠냐는 환자도 있을 것입니다. 당연합니다. 나와 잘 맞는 사람이 있는가 하면, 그렇지 않은 사람도 있죠.

그러니 나를 좋아하고, 내가 좋아하는, 함께 있으면 편안한 사람들을 소중히 아끼며 살아가길 바랍니다.

나와 맞지 않는 사람은, 다른 누군가와 잘 맞는 사람일 것입니다. 자신과 잘 맞는 사람들과 행복하게 살아가기를 진심으로 기원합니다.

저는 유튜브 채널도 운영하고 있지만, 아직도 악성 댓글에는 무뎌지지 못했습니다. 부디 그런 악성 댓글은 마음속에만 간직하고, 자신과 맞지 않는 사람에게 시간을 허비하는 대신 함께 있을 때 편안하고 기분 좋은 사람과 당신의 소중한 시간을 보내기 바랍니다.

그리고 엄마, 제가 이 책을 쓰겠다고 해서 엄마를 많이 힘들게 했다는 것을 알고 있습니다.

실제 "이런 내용의 책이야"라고 말했을 땐 눈물을 보이셨죠.

엄마를 힘들게 해서 정말 미안해요.

하지만 엄마에게 상처를 주거나 사과를 받고 싶었던 것도 아니고 반성하길 바란 것도 아닙니다.

힘들었던 적도 있었지만, 엄마의 딸로 태어난 걸 감사히 여기고 있습니다.

다만, 세상에는 제가 어릴 때처럼 사는 게 힘들고 괴로운 아이들 그리고 그런 고통을 안고 그대로 어른이 된 사람들이 많습니다.

저는 정신과 의사가 되어 매일 환자들과 나 자신을 마주하며 많이 회복되었지만(그렇게 믿고 있습니다) 환자들 중에는 여전히 고통에서 헤어나지 못하고 스스로 인생을 포기하는 사람까지 있습니다.

그런 사람들에게 한 줄기 희망의 빛이 되어주고 싶었습니다. 더불어 아이들이 더는 삶을 고통스럽게 느끼지 않길 바라는 마음이 이 책을 쓰고 싶었던 이유이기도 했습니다. 이 책을 세상에 내놓고 싶다는 응석받이 막내딸의 바람을 들어주셔서 감사합니다.

제가 이혼을 결심한 30대 초반 무렵, 혼자 아이를 키울 엄두가 나지 않아 대학 때부터 친하게 지낸 친구에게 전화를 걸었습니다.

"이혼할 것 같은데, 아이들을 한 부모 가정에서 키운다는 게 아무래도 불안하고 죄책감이 들어…"라고 털어놓자 친구는 이렇게 말했습니다.

"뭐라고? 그런 약한 소리하지 마. 네 아이인데 잘못될 리 없잖아. 넌 지금 그대로도 충분해. 한 부모든 아니든 그런 게 무슨 상관이야."

　제 입으로 말하기는 쑥스럽지만, 저는 학창 시절 내내 주변 사람들에게 많은 사랑과 관심을 받았습니다. "사와처럼 인기가 많았으면 좋겠다"며 부러워하던 친구들도 있었습니다.

　그렇게 사랑받는 사람으로 클 수 있었던 것은 엄마의 깊은 애정 덕분이었다고 생각합니다. 저 역시 제가 받은 사랑만큼 사는 게 힘들고 지친 많은 사람들에게 사랑을 나누며 살고 싶습니다. 그래서일까요. 저는 의사가 천직이라고 여기고 있습니다.

　'엄마와 아이의 관계'에 대한 책을 쓰겠다는 제 생각을 지지하고 응원해준 일본실업출판사의 편집장 가와카미 사토시(川上聡) 씨 그리고 한 사람의 엄마로서 제작은 물론 내용적인 면에서도 많은 도움을 준 사나다 하루미(真田晴美) 씨, 늘 차분하고 따뜻한 시선으로 지켜봐주신 두 분 덕분에 저는 평안한 마음을 유지할 수 있었습니다.

이 책을 쓰는 동안, 자신의 인생을 돌아보고 언어화하며 많은 깨달음을 얻었습니다. 출판에 관해 문외한이었던 제게 책 만드는 즐거움을 가르쳐준 북퀄리티(BOOKQuality)의 다카하시 도모히로(高橋朋宏) 씨, 히라키 요시노부(平城好誠) 씨 그리고 직원 여러분, 부족한 제게 이런 기회를 주셔서 정말 감사합니다.

마지막으로, 이 책을 통해 자녀에게 안정감을 주는 엄마들이 늘어나 '내일을 살고 싶은' 아이들이 더 많아지기를 기원합니다.

우리 아이가 진짜로
생각하고 있는 것

1판 1쇄 인쇄 2025년 5월 8일
1판 1쇄 발행 2025년 5월 16일

지은이 소아정신과의 사와 번역 김효진
펴낸이 김기옥

경제경영사업본부장 모민원
경제경영팀 박지선, 양영선
마케팅 박진모 경영지원 고광현 제작 김형식

표지 디자인 블루노머스 본문 디자인 디자인허브
인쇄·제본 민언프린텍

펴낸곳 한스미디어(한즈미디어(주))
주소 04037 서울시 마포구 양화로 11길 13(서교동, 강원빌딩 5층)
전화 02-707-0337 팩스 02-707-0198 홈페이지 www.hansmedia.com
출판신고번호 제 313-2003-227호 신고일자 2003년 6월 25일

ISBN 979-11-94777-07-6 (13590)